MELON
MANGO
AVOCADO
PINEAPPLE
BANANA
WATERMELON
GRAPEFRUIT
STRAWBERRY
LEMON.LIME
ORANGE
APPLE
KIWIFRUIT
PAPAYA

PEACH
PLUM
CHERRY
PEAR
ORANGE
HORNED MELON
PEAR
PERSIMMON
LOQUAT
DRAGON FRUIT
MANGOSTEEN
STAR FRUIT
GRAPE
PASSION FRUIT
RAMBUTAN
BANPEIYU
FIG
POMEGRANATE

MELON
MANGO
AVOCADO
PINEAPPLE
BANANA
WATERMELON
GRAPEFRUIT
STRAWBERRY
LEMON.LIME
ORANGE
APPLE
KIWIFRUIT
PAPAYA

PEACH
PLUM
CHERRY
PEAR
ORANGE
HORNED MELON
PEAR
PERSIMMON
LOQUAT
DRAGON FRUIT
MANGOSTEEN
STAR FRUIT
GRAPE
PASSION FRUIT
RAMBUTAN
BANPEIYU
FIG
POMEGRANATE

內附DVD　簡單易懂好清晰！

FRUITS CUTTING

簡單上手的
水果切雕拼盤・杯飾基本功

Fruit Aacademy®代表
Fruit artist®果雕藝術家

平野泰三
Taizo Hirano

CONTENTS

本書閱讀說明

【關於DATA資訊】

- 甜度分布圖，是依數字順序1、2、3、4標示甜度等級分區（1的甜度最高）。

- 後熟（追熟）代表水果在採收後，會隨著時間越來越成熟甜美。
  〈後熟水果〉洋香瓜、奇異果、木瓜、酪梨、芒果、水蜜桃、西洋梨、熱帶水果、無花果、石榴（國產）。
  〈非後熟水果〉柳橙、葡萄柚、西瓜、鳳梨、檸檬、萊姆、蘋果、葡萄、草莓、水梨、石榴（進口）＊此類水果請儘早食用。
- 熱量參考自《七訂食品成分表2016》（女子營養大學出版部）。
- BOOK ONLY的水果切雕技法並未收錄於DVD中，敬請見諒。
- 依照切雕方法，部分刊載技巧為BOOK ONLY，部分收錄為DVD ONLY。

例）甜度分布圖：洋香瓜

HOW TO USE DVD

DVD使用說明

放入DVD／播放主選單

DVD放入播放器中後，將自動播放主選單（附中文字幕）。若有無法自動播放的情形，請參考該播放器使用說明書進行操作。主選單出現後，將游標移到想觀看的項目上，按下播放鈕觀看影片。

水果切雕的先備知識

- 預先將刀具確實研磨鋒利。
- 為免果汁流出及太過乾燥，請快速下刀，但務必小心避免切傷。
- 切雕的水果擺久後，美味與香氣都會流失，因此最好於2小時內食用完畢。
- 蘋果、酪梨、水蜜桃等水果去皮後，切面會因氧化而變成褐色。
  ①泡水，②泡鹽水，③滴上檸檬或萊姆汁，以上方法皆可預防變色。

WARNING

- 本DVD僅供個人家庭內觀賞使用。
- 本DVD光碟套書未經著作權擁有者和發行商等許可，進行上述以外用途（租借、公開播放、公開上映、複製、變更、修改等），或從事其他商業行為（業界流通、二手轉賣等）均屬嚴禁之違法行為。
- 使用本DVD，因個人行為導致的傷害、損失及糾紛，概不負責。

100分鐘	單面單層	COLOR	MPEG2	防拷保護

16:9 LB

BEFORE YOU USE DVD

DVD使用須知

播放注意事項

- DVD光碟是記錄了影像及聲音的高密度光碟，須以支援DVD光碟的播放器播放。使用前，請參考實際使用的播放器及電視的說明書，依操作方式進行播放。

維護注意事項

- 使用時，儘量避免光碟正反兩面沾附指紋、髒汙或出現刮痕。
- 光碟髒汙時，可以拭鏡布等質地柔軟的布材，放射狀地自中心處往外輕輕擦拭乾淨。
- 光碟正反兩面均避免以鉛筆、原子筆、油性筆等書寫或塗鴉，並不要黏貼貼紙。
- 以接著劑等修補裂痕及變形的光碟極可能發生危險，光碟外觀一旦損壞千萬不要再播放使用。

保存注意事項

- 請勿保存在日光直射處或高溫潮溼的環境下。
- 使用後一定要從DVD播放器中取出，放回DVD專用盒妥善保存。
- 在光碟上擺放重物或摔落光碟，都是造成DVD碎裂的主因，請特別留意。

觀賞注意事項

- 觀看本DVD光碟時，請保持室內明亮。
- 請勿在燈光昏暗的環境下長時間觀賞。

BOOK ONLY

水果拼盤

水果切雕是直至完成最終的擺盤，才算是大功告成的專精技藝。發揮各水果獨特的特性，並以賞心悅目，容易取用＆品嚐為重點來思考如何呈現是相當重要的。首要重點是將大型水果，或立體感設計的果雕擺在中央。從三層水果拼盤、水果大拼盤，到水果裝飾及水果切雕技法，本書皆將一一介紹。舉辦派對與宴客等活動時，不妨動手挑戰看看。

熱帶水果塔

將鳳梨表皮切出造型後，插入各種刺著劍叉的切瓣水果、巧克力、起司、火腿等加以點綴，並在正前方擺放鳳梨船。是相當適合小孩生日派對＆紀念日的應景裝飾擺盤。

使用水果
鳳梨・葡萄柚・柳橙・奇異果・草莓・木瓜・蘇丹娜〈葡萄〉・櫻桃・檸檬

鳳梨船

取出鳳梨的果肉後，作成鳳梨盅的水果船。以方便食用的切法準備水果切丁＆切瓣洋香瓜、西瓜、木瓜、柳橙等，進行擺盤。建議將偏大的水果擺在右上或左上，整體視覺會更加平衡。

使用水果
鳳梨・西瓜・洋香瓜・奇異果・葡萄柚・柳橙・檸檬・木瓜

（　）為水果切法，〈　〉為水果名稱。

三層水果拼盤

派對上必不可少的三層水果拼盤，是以由下層至上層依序擺盤為原則。a以天鵝造型洋香瓜為主角，並視整體平衡在各層裝飾上華麗非凡的果雕。b則是以王冠造型鳳梨為主角，透過出類拔萃的均衡配色，完成引人注目的水果裝飾。且為了配合立食派對的賓客方便食用，水果皆經去皮處理。

a

使用水果

上層／洋香瓜（天鵝）（圓球）、紅葡萄・蘇丹娜〈葡萄〉、鳳梨（切片）、樹莓

中層／柳橙（鋸齒花）、葡萄柚（果盅）、萊姆（花瓣造型圓片）

下層／柳橙（整顆剝皮）、洋香瓜（星星造型）（切片）（果雕）、草莓

水果盤架

最大直徑70.5cm×高66.5cm

使用水果

上層／鳳梨（王冠）（切片）（切瓣）、洋香瓜（圓球）、木瓜（切瓣）、萊姆（切瓣）、樹莓

中層／柳橙・葡萄柚（切瓣）、洋香瓜・鳳梨（切丁）、芒果（果盅）、初戀之香〈草莓〉、紅毛丹、山竹、巨峰〈葡萄〉、櫻桃

下層／鳳梨（獨木舟）、西瓜（對半切）、奇異果（圓片）、芒果（切丁）、檸檬（蝴蝶造型圓片）、火龍果・釋迦・石榴（切瓣）、百香果（對半切）、楊桃（切片）

水果盤架

最大直徑70.5cm×高66.5cm

b

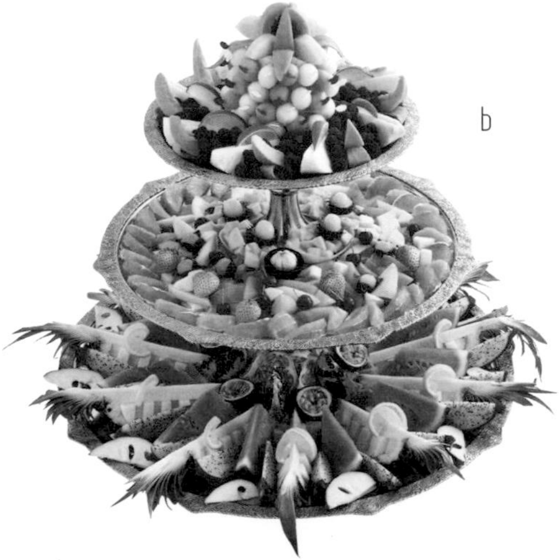

大型水果拼盤

擺盤重點在於決定作品中心，並將該處疊高營造協調感。決竅在於將大型水果及華麗的果雕配置在中心，即可提昇拼盤的主題感。請以目的＆人數為首要考量，先學習能對應橢圓形・四方形・圓形擺盤的切法技巧。

四方形擺盤

以西瓜＆兩種洋香瓜果雕作為視覺中心，再以木瓜果雕、鳳梨船及鋸齒花柳橙均衡協調感。運用紅・黃・橘三種色彩，勾勒出賞心悅目的華麗水果拼盤。

使用水果

〔果雕〕西瓜（玫瑰）、昆西洋香瓜（花朵）、光皮洋香瓜（花朵提籃）、木瓜（向日葵）、〔其他〕鳳梨（獨木舟）、西瓜（斜向切片）、柳橙（鋸齒花）、西瓜（圓球）

四方形水果盤　寬47.5cm×長36cm

橢圓形擺盤

以芒果花為中心焦點，左右對稱的擺盤。訣竅在於先決定較大型的水果切雕擺放位置，再將小型的水果切雕分配擺設出協調感。

使用水果

西瓜（斜向切片）、木瓜（斜向切片）、芒果（玫瑰花杯）、洋香瓜（W交叉分切）、葡萄柚・柳橙（切瓣）、櫻桃、藍莓

橢圓形水果盤　橫長43cm

圓形水果拼盤

以天鵝造型洋香瓜為擺盤的中心主題。以鳳梨為底座，擺放上天鵝造型洋香瓜，再依序以切片鳳梨、葡萄配置出良好的協調感，最後以樹莓點綴裝飾，完成配色感＆切雕造型分配得宜的水果拼盤。

使用水果

洋香瓜（天鵝）（圓球）、紅葡萄柚・紅地球・無籽蘇丹娜〈葡萄〉、鳳梨（切片）、樹莓

圓形水果盤　直徑38cm

　（　）為水果切法，〈　〉為水果名稱。

FRUITS CUTTING

PART 1

水果
分切技巧

依各種水果的形狀、果肉性質、甜度分布、香氣等差異，適時改變切法的應用技巧是很重要的。請在本章中精進方便享用又賞心悅目的水果切雕技術吧！

FRUITS CUTTING TOOL
水果切雕工具

以下為本書使用的工具。建議備齊大小刀具，再根據水果的大小選用。其他如水果挖球器＆去芯器等，也是很方便的常用工具，請務必準備齊全。

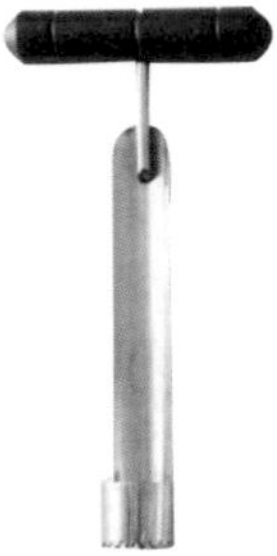

鳳梨去芯器

插入鳳梨芯的中心，一口氣壓至底部再向上提起，即可乾淨俐落地去除鳳梨芯。

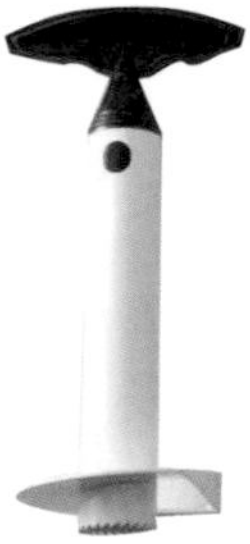

鳳梨削皮去芯器

將螺旋狀刀刃向下旋轉至底部再往上提，瞬間完成削皮去芯。

廚房專用剪刀

各種細部作業皆能派上用場的推薦好物，是必備的萬用工具。

水果挖球器
（直徑3.5cm・3cm）

挖取圓球狀果肉的工具，也可用於去除小水果的芯部、種籽和筋絡。

水果挖球器
（2.5cm・2cm）

將果肉挖成球狀的用具，也可用來替小型水果去除芯部、種籽及筋絡。

泰式果雕刀

泰國傳統工藝雕刻專用刀。從入門款到高階款，有多種款式可供選購。

葡萄柚水果刀

用於挖取葡萄柚＆柳橙等柑橘系水果果肉的水果刀。

彎削皮刀

切雕專用的彎刃刀，是施展精細刀工手法的重要寶物。最適合波浪造型的切雕作業時使用。

專業去皮刀
（刀刃長11㎝）

主要用途為去皮＆切片，常用於處理小型水果。

專業去皮刀
（刀刃長10㎝）

主要用途與刀刃長11cm的刀款相同，常用於去皮、去芯、切片等。

水果刀
（刀刃長16㎝）

基本水果刀。以切生魚片的手法運刀，就能切出平滑的切面。

水果刀
（刀刃長21㎝）

適用於西瓜、鳳梨等大型水果，有時也可用來切硬芯。

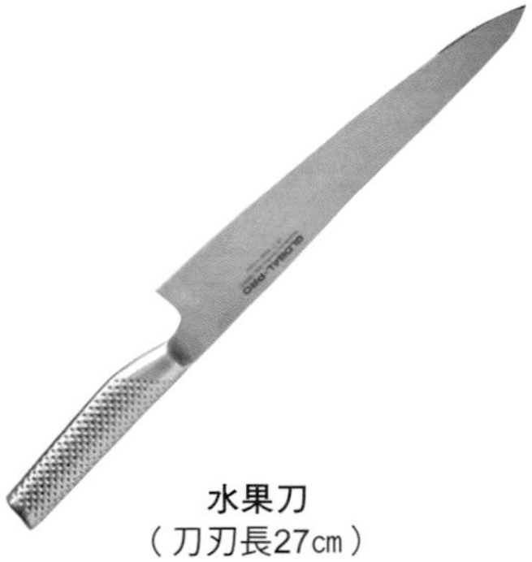

水果刀
（刀刃長27㎝）

適用於像西瓜、鳳梨等大型水果，多用於對半剖切。

刀具

名稱	GLOBAL-PRO （具良治專業多用途刀）
材質	刀身：刃具專用不鏽鋼材 刀柄：18-8不鏽鋼
製造・販售	吉田金屬工業 ㈱

洋香瓜

豐富多樣的切法技法，可替高級水果錦上添花。由於果臍（底部）的甜度高於蒂頭，建議採用切瓣的方式分切，可使甜度較為平均。切水果時應小心避免美味的果汁流失，並對應用途，靈活地運用不同的切法技巧。由於表皮厚，事先切掉薄皮較容易食用。

DATA:

產期 1 2 3 4 5 **6 7 8** 9 10 11 12　6至8月（溫室網紋洋香瓜為全年產）

挑選方式＆品嚐時機

網紋洋香瓜以網紋清晰纖細，果臍窄小緊縮，蒂頭粗實飽滿者為佳。當底部變軟，香氣轉為濃郁便是最佳品嚐時機。光皮洋香瓜則以表皮無損傷為佳。

熱量（食用部位每100g）

42kcal

品種

網紋洋香瓜（Muskmelon）、光皮洋香瓜（Honeydew Melon）、王子洋香瓜（Prince Melon）、安第斯洋香瓜（Andes Melon）、夕張洋香瓜等。

保存方式

常溫保存。待完熟後，於食用前2至3小時冷藏。果肉可冷凍保存。

甜度分布圖

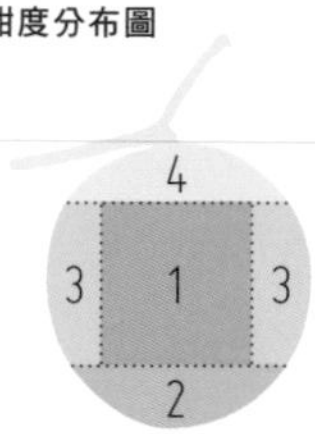

去籽

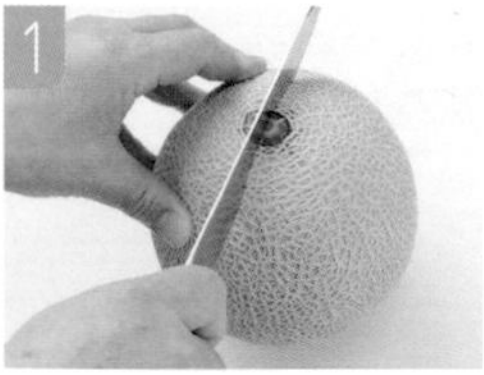

切除蒂頭，從蒂頭縱向對半切開。

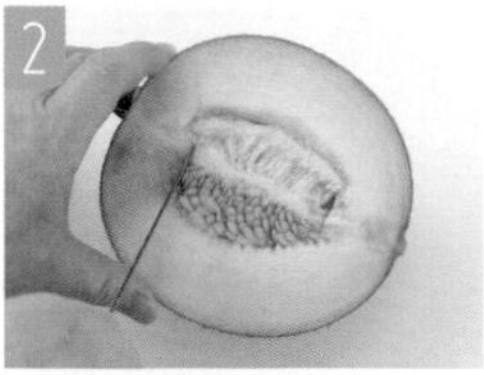

先在內瓤兩端分別切劃一刀，以便將種籽挖除乾淨。

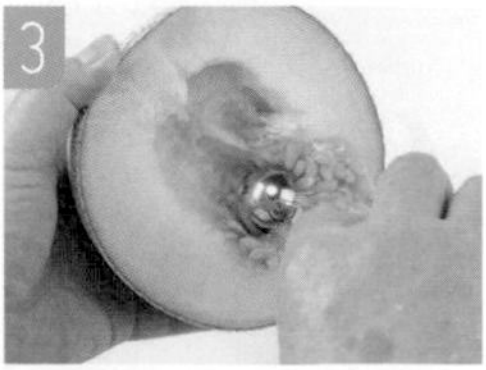

以挖球器和湯匙，自果臍端去籽。本方法不僅能將種籽挖除乾淨，也不會傷到果肉。

片切薄皮

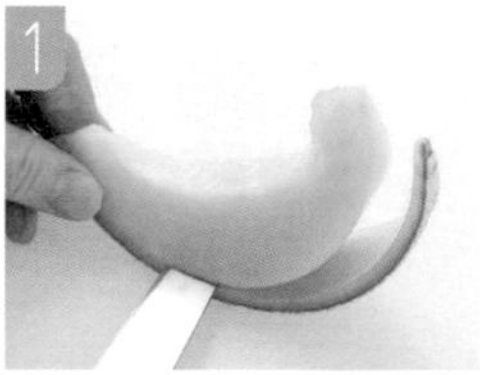

自果臍端的柔軟果肉處，在不切斷的情況下平刀片切至2/3處。

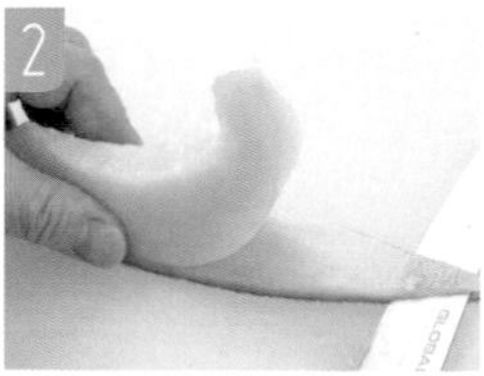

再自表皮內側片切下一段果肉薄皮。在此將厚皮切薄不但有利後續的表皮切雕作業，食用起來也較為方便。

memo:

切瓣水果的去皮方法

將切瓣水果自果臍尖端立起＆貼住砧板，片刀平放稍微切入尖端，再順著圓弧抵住砧板，平刀片切整片表皮。

將水果進行基本的八等分切瓣後，加上表皮切雕，就能詮釋出華麗感。

切瓣水果的表皮切雕

a 1

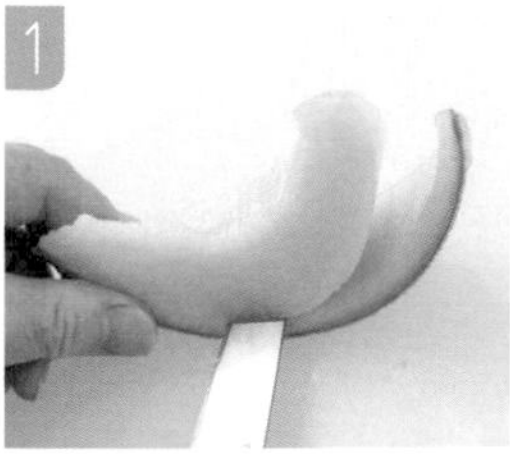

自果臍端平刀片切。並在不切斷表皮的原則下，從表皮和果肉之間入刀，片切表皮上的果肉薄皮。

2

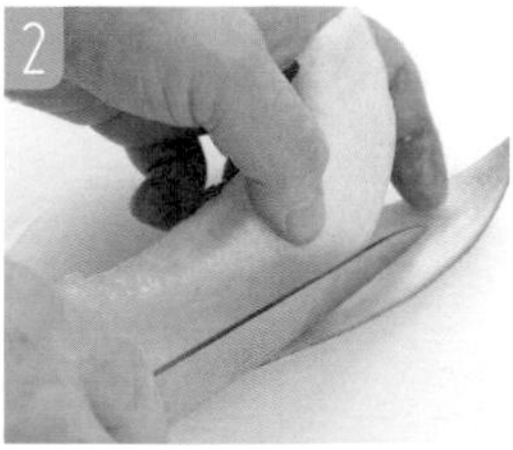

在表皮上斜劃一刀，翻摺表皮&插入表皮和果肉的間隙。

b 1

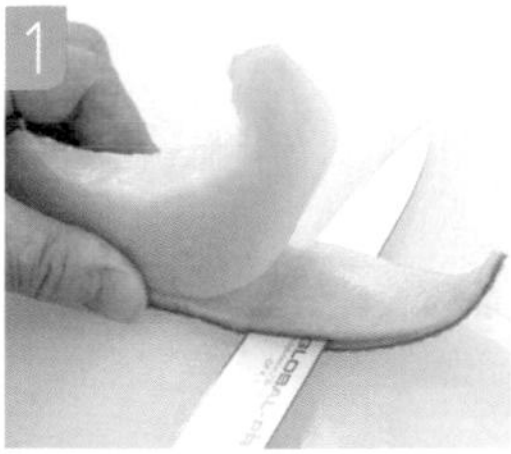

自果臍端平刀片切後，片切表皮上的果肉薄皮但不切斷，再翻摺薄皮插入表皮和果肉的間隙。

memo:

切瓣水果的表皮切雕變化

劃出2道刀痕，將中央表皮往內側翻摺。

切瓣水果的表皮切雕

c 1

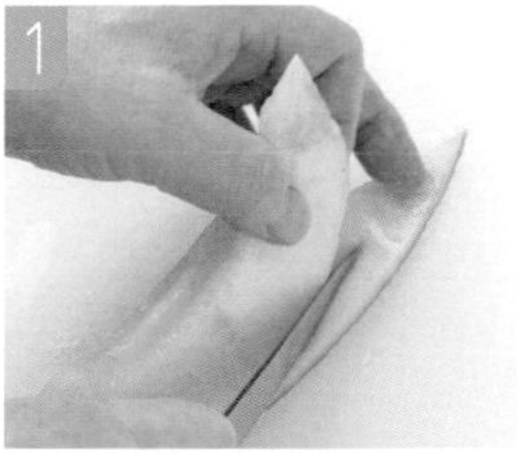

保留1/3不切斷，平刀片切表皮，再在表皮單側斜劃一刀。

2

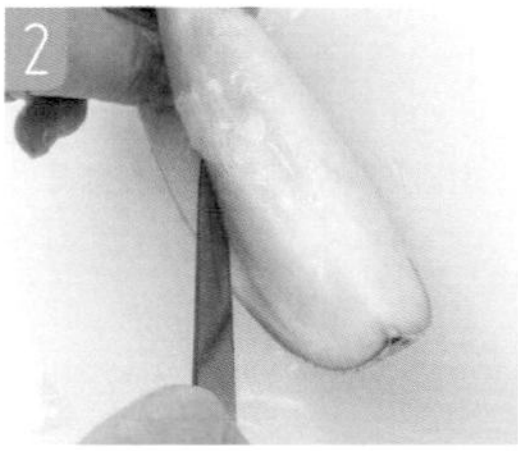

表皮另一側也斜劃一刀，使表皮中心段略呈V字形。

3

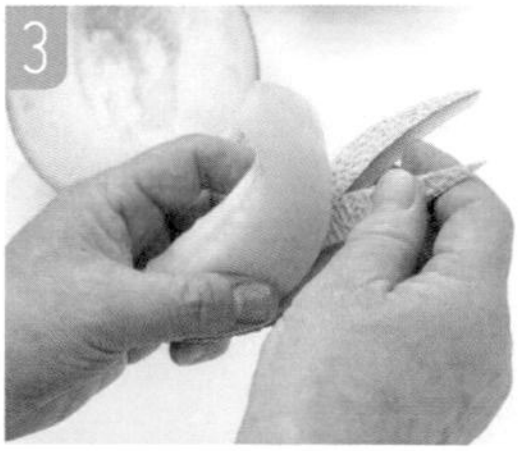

將表皮尖端往內側翻摺插入。

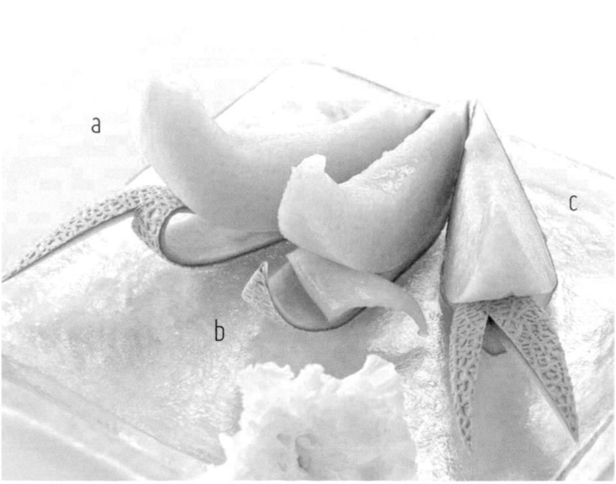

建議可在果肉上輕劃3道刀痕，方便食用者以湯匙分切享用。

應用切法

切瓣水果應用篇。無論是打造立體感擺盤，
或搭配其他水果製作拼盤都美麗的應用提案。

洋香瓜的星星組合

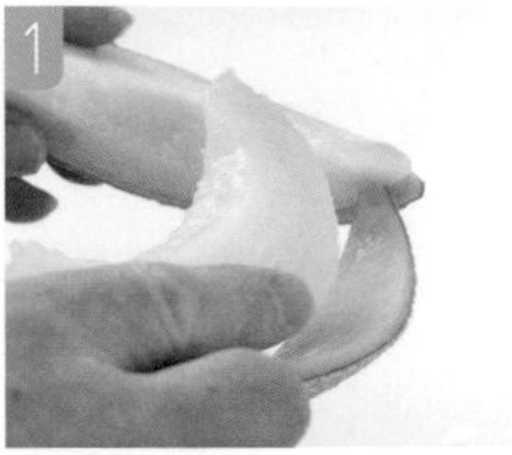

取2片1/8洋香瓜，各自平刀片切表皮至2/3處。

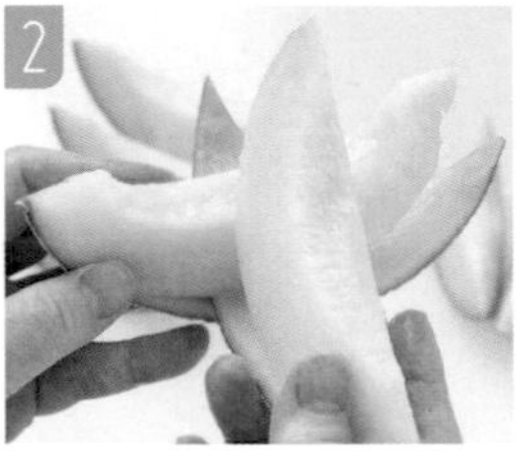

將2片洋香瓜分別插入表皮和果肉的間隙，交叉斜放。

洋香瓜的圍邊擺盤

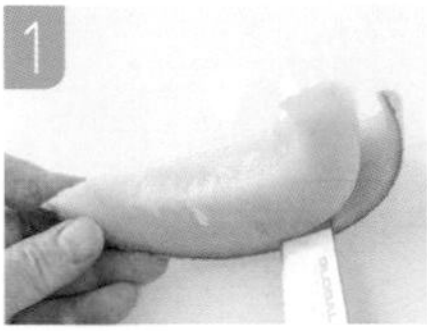

取1/8洋香瓜，從表皮和果肉之間入刀，平刀片切去皮。

取相同的厚度＆長度斜切果肉。

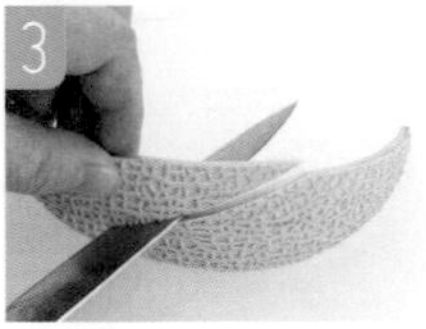

斜切表皮後，連同2的果肉如描圓邊般地進行擺盤。

memo:

洋香瓜的圍邊擺盤變化

將果肉切成易入口的大小，與橘色果肉洋香瓜搭配擺盤也很賞心悅目。在圓中央配置水果，就能完成豐盛美麗的果盤！

斜切

a

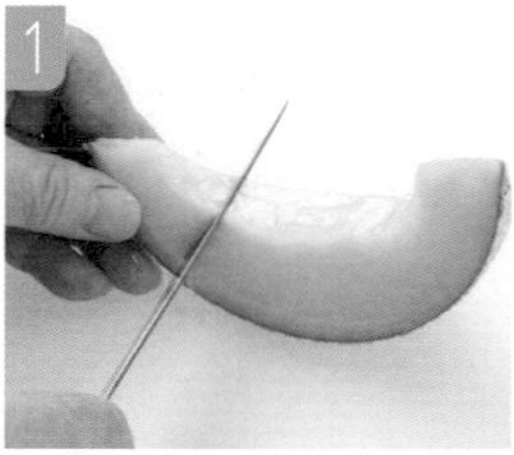

取1/8洋香瓜，兩端預留少許果肉，劃出八字刀痕。

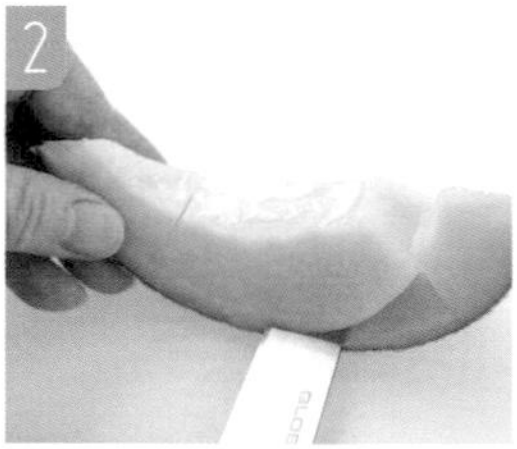

從表皮和果肉之間入刀，順著表皮圓弧切取中段果肉。

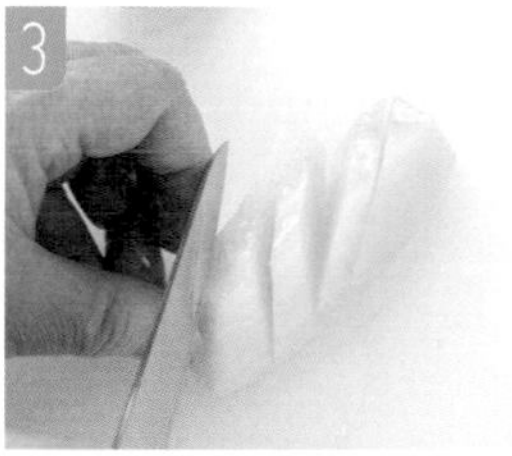

斜切果肉，再稍微錯開地排列於表皮底座上。

三角切塊

b

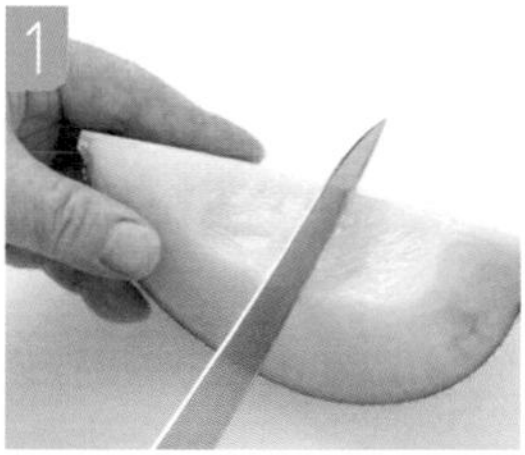

取1/4洋香瓜，再橫向對半一切為二。

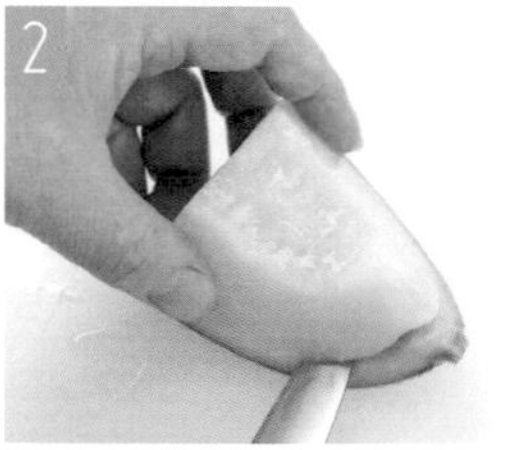

順著三個邊角慢慢地平刀片切去皮，切取果肉。

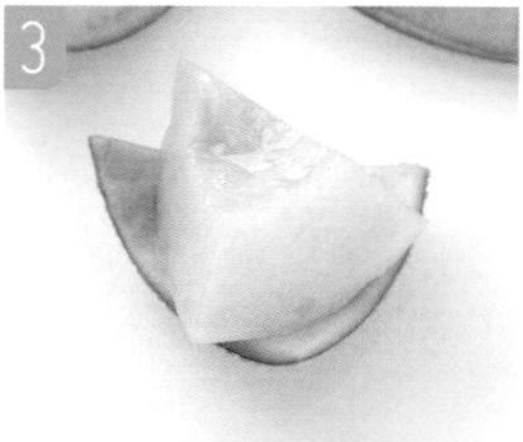

將果肉與表皮交錯擺放。

W交叉分切

a
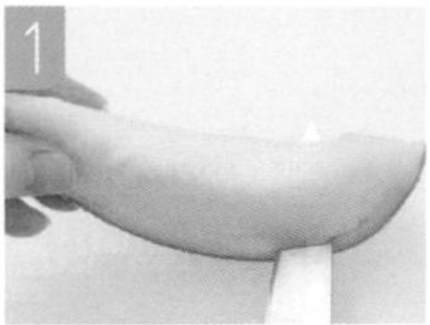

取1/8洋香瓜，自距離果臍端1cm處入刀，順著表皮圓弧切至距離蒂頭端1cm處。

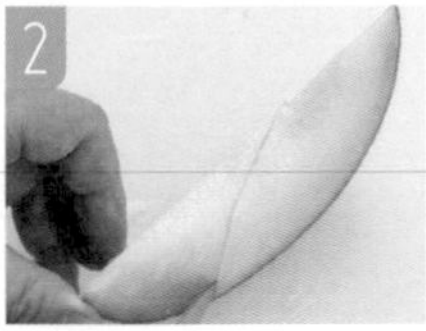

在未及1橫切處兩端的中段果肉處，斜切一道深至表皮的刀痕。

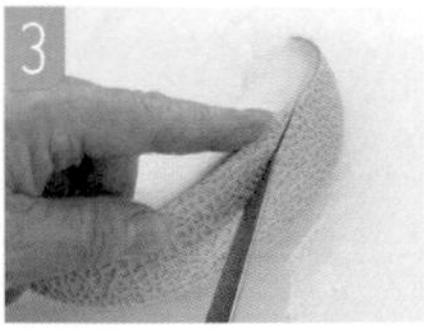

在表皮上以與果肉刀痕相反的方向斜切一刀，即可使表皮與果肉交叉分切成兩半&形成W字形。

交錯擺放分切

b
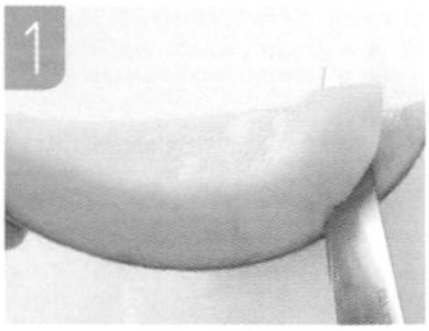

取1/8洋香瓜，平刀片切去皮。

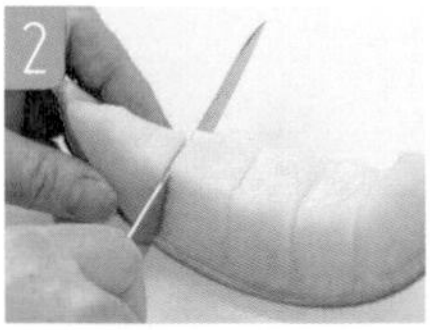

將果肉切成易入口的大小後，交錯擺放在表皮底座上。

甜點造型洋香瓜

c
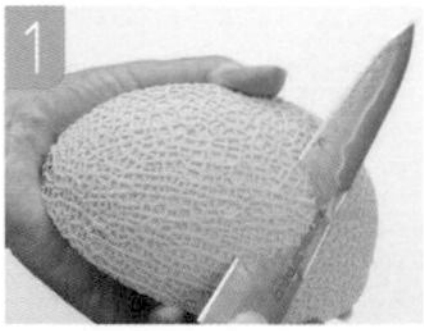

取1/4洋香瓜，於表皮底端橫切小圓片，使洋香瓜片保持穩定不滾動。

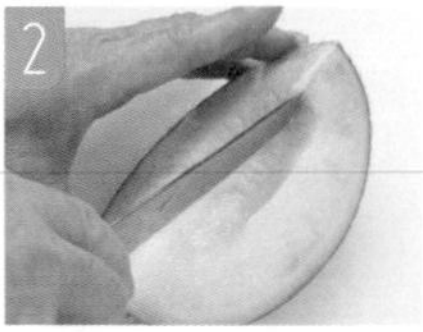

自果肉中央切一刀，深至表皮處。

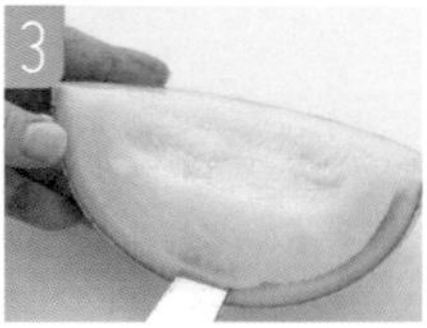

從表皮和果肉之間入刀，切取果肉。

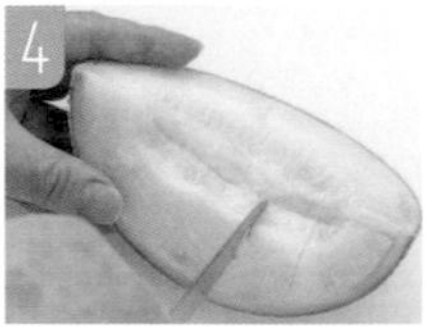

將果肉切成容易入口的大小後，左右交錯擺放。再將1切下的小圓片插入表皮和果肉之間。

DVD ONLY

洋香瓜天鵝切雕

華麗的洋香瓜天鵝切雕很適合作為派對＆餐桌布置的增色裝飾。雖然乍看複雜，但只要先畫好草圖，以一把彎削皮刀就可以完成。挑選形狀佳且網紋美麗的洋香瓜來製作吧！只要變換洋香瓜的品種＆切雕方法，或更換拼盤的水果，就能享受豐富的變化樂趣。

網紋洋香瓜的天鵝切雕

以高級的網紋洋香瓜切雕成天鵝造型，完成吸睛的果盤擺飾。試著嘗試不同切法，享受變化出各種造型的創作樂趣吧！

光皮洋香瓜的天鵝切雕

白果肉的洋香瓜天鵝則是截然不同的氛圍。內裡裝盛的洋香瓜球不僅可愛，搭配不同顏色的果肉也豐富了視覺享受，為作品整體增添華麗感。

鳳梨

鳳梨硬皮上面的突起，是堅硬的龜甲狀小果實。因為鳳梨無種籽，因此莖部（尾端）的甜度高於葉冠。鳳梨的削皮重點，是將硬皮連同褐色芽眼一併厚削去除。除了活用葉子形狀及硬皮切出造型裝飾之外，還能切雕成水果容器等，享受多種樂趣。就連鳳梨芯也是燉煮料理的好食材。

DATA:

產期 1 2 3 4 5 6 7 8 9 10 11 12 全年 （菲律賓產）

挑選方式＆品嚐時機

葉小且緊實，下方果肉豐腴，無碰撞傷痕，整體呈黃色為佳。散發甜香氣味時，即為享用時機。

熱量（食用部位每100g）

51kcal

品種

開英系（Smooth Cayenne）、西班牙系(Blanco)、奎恩系（Queen）、桃香鳳梨（Soft Touch）、甜蜜新娘（Honey Bride）、黃金鳳梨（Golden Pine）等。

保存方式

放入冰箱冷藏。鳳梨葉冠朝下擺放，可使甜味擴散至整體。果肉亦可冷凍保存。屬非後熟水果，請儘早食用完畢。

甜度分布圖

去葉冠方法①②

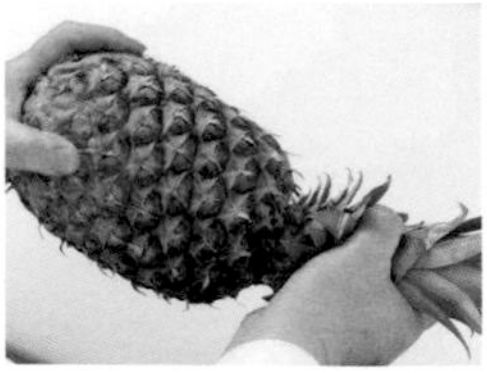

握住葉子，上下左右轉動摘除（①）。

保持葉子朝下＆朝外斜傾的角度手持鳳梨，以刀削葉子一圈，切除多餘葉子（②）。

去皮

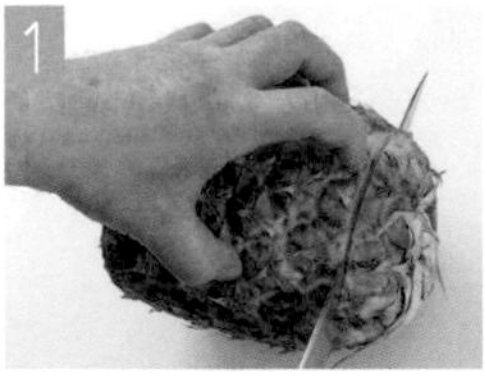

直刀厚切鳳梨的頭尾兩端。

將鳳梨直立放置，自芽眼內側入刀，沿外圍直切一圈去皮。

memo:

鳳梨的營養

富含維他命C、維他命B_1及食物纖維，具有恢復疲勞、抗老及美肌效果。此外，內含豐富的蛋白質分解酵素也有助消化。

基本切法

首先須去除果肉中央的鳳梨芯。等分切瓣可品嚐到均等的甜味。若考慮方便食用，也可採用圓片切法。

4種切法的共同步驟

縱向對半直切，切成二等分。

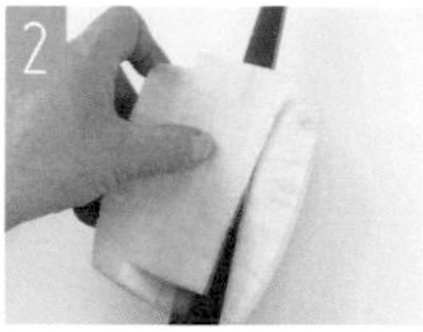

鳳梨芯切V字去除。

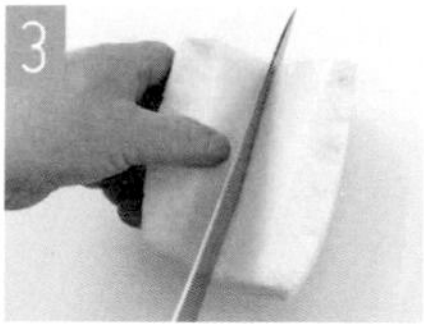

再從鳳梨中心線下刀，切成1/4。

將整顆鳳梨切成四等分。

切丁

a

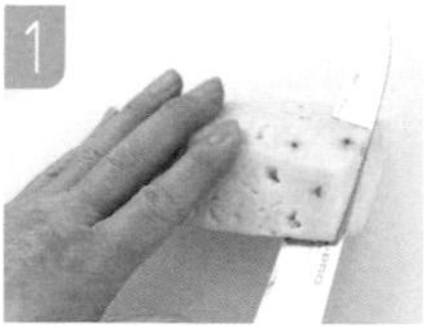

取共同步驟的1/4鳳梨，橫切一刀。

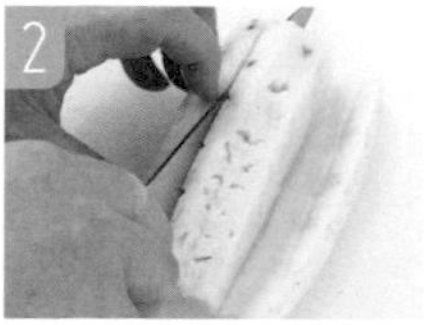

再縱切數刀。

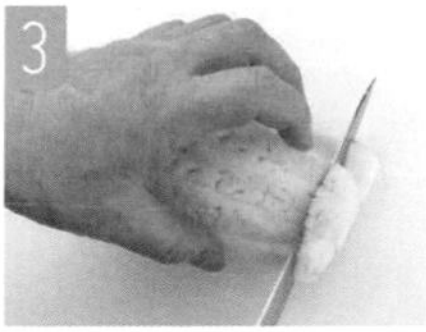

橫向整齊擺好後，從一端開始切丁。

斜向切片

b

取共同步驟的1/4鳳梨，斜切成三角形。

切條

c

取共同步驟的1/4鳳梨，縱切成鳳梨條。

切片

d

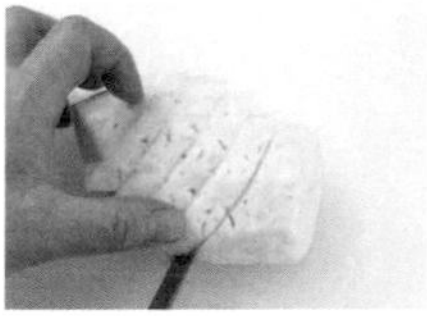

取共同步驟的1/4鳳梨，切成斜片狀。

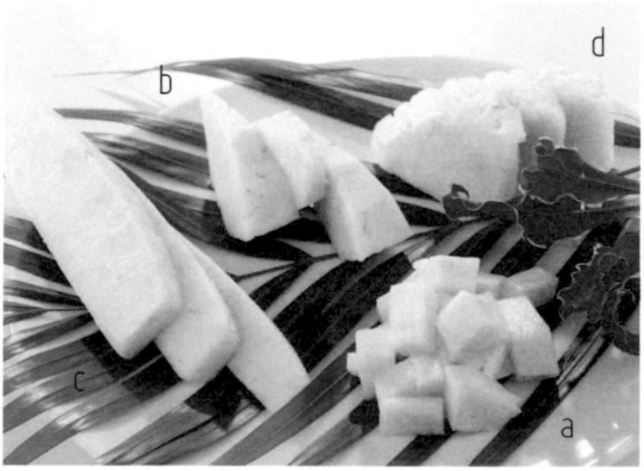

應用切法

善用表皮花紋＆葉子等部分，完成賞心悅目的作品吧！在此取1/8片為1人份。

鳳梨船的共同步驟

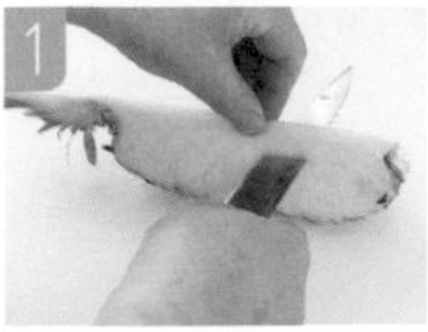

切出連葉帶皮的1/8鳳梨。從芯部下方入刀，橫切至靠近葉端。

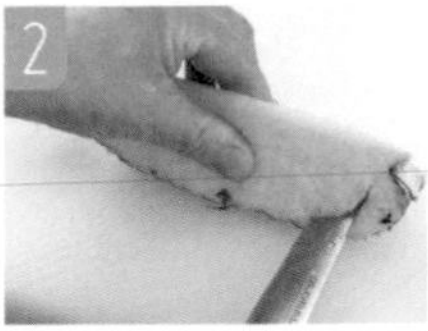

從芽眼內側入刀，順著圓弧切取果肉。

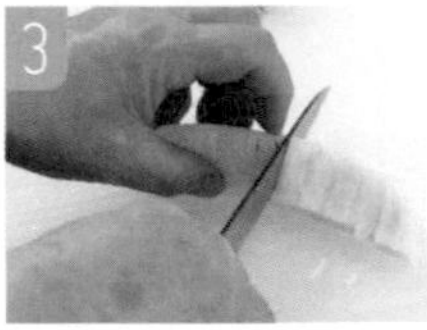

將果肉切成6至8塊。

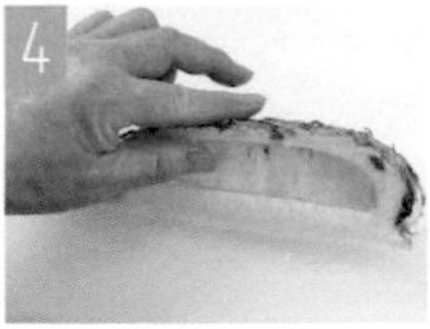

以鳳梨船框重新套合果肉。

鳳梨船

a

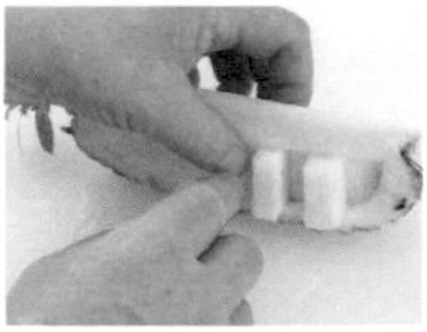

將果肉套回鳳梨船框中後，交錯推移果肉。

鳳梨船

b
c

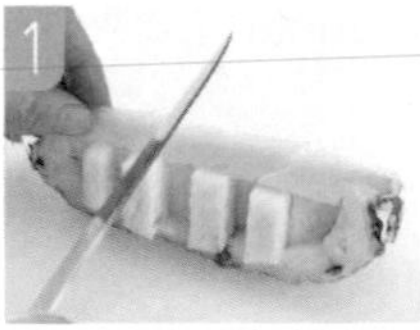

斜切芯部。入刀方向可自由變換。

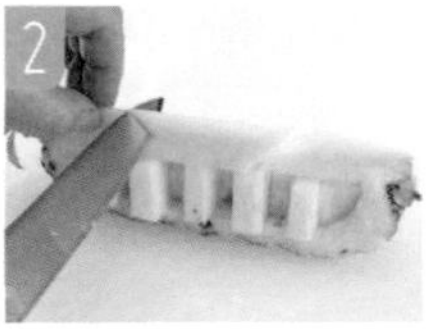

在另一側也斜切一刀，切除中段，保留兩端些許芯部。

鳳梨船

d d 將果肉切成斜片狀。

e e 切下一半的芯部，交錯擺放果肉。

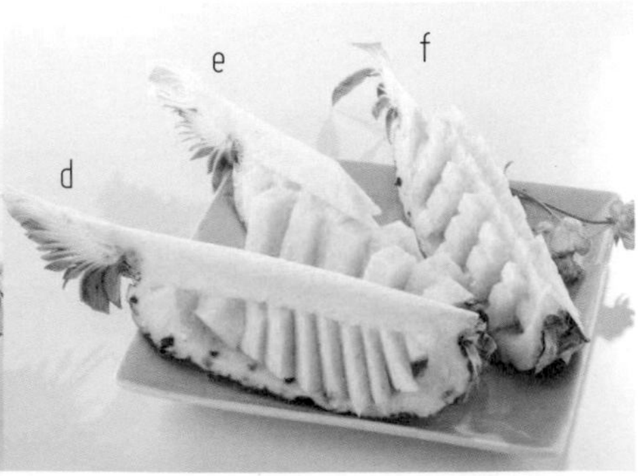

鳳梨船

f

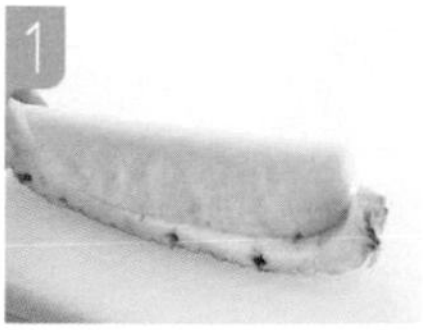

將芯部切V字取下後，切取果肉。

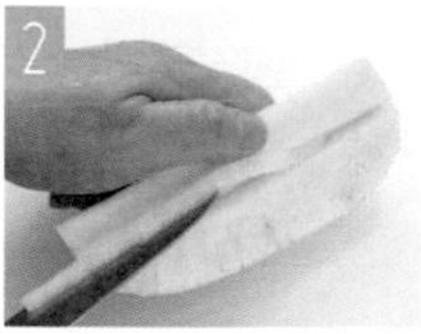

在單側切V字，切除果肉。

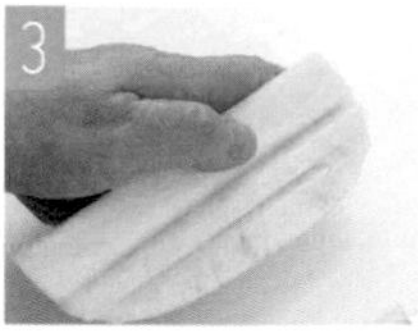

再切一次V字，切除果肉。

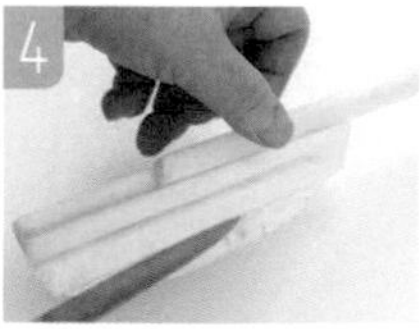

另一側也以相同切法處理。

取方便食用的厚度切片，即可呈現樹的形狀。

1/8切片

a

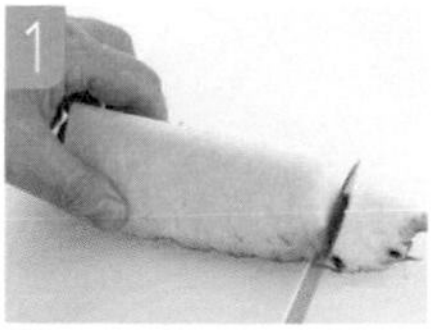

取1/8鳳梨，切除頭尾端。

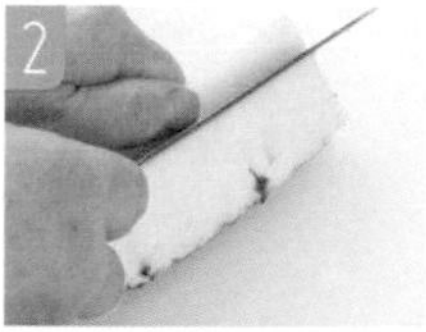

將芯部切V字取下。

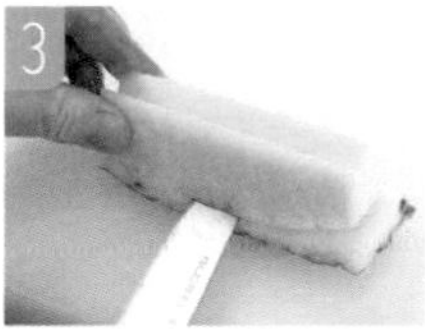

從芽眼內側入刀，順著圓弧切取果肉。

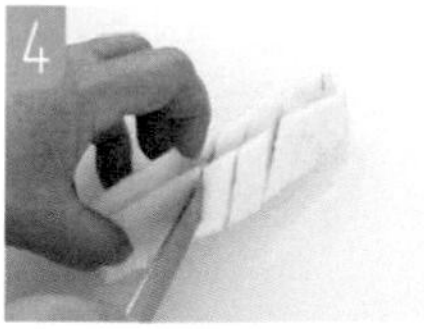

將果肉切成斜片狀，交錯擺在表皮上。

1/8切片

b

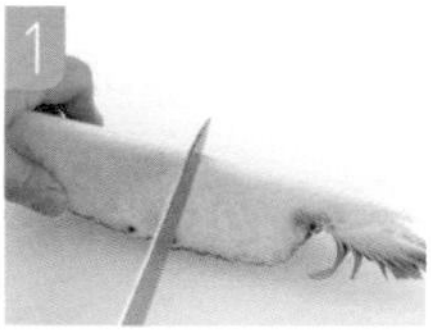

自鳳梨冠端，取1/3切開。再切除另外2/3的芯部。

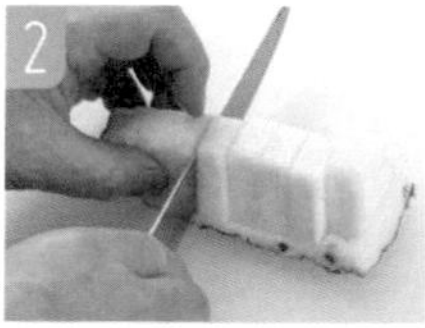

去芯後，從芽眼內側下刀，順著圓弧切取果肉。再將果肉切成容易入口的厚度，交錯擺在表皮上。

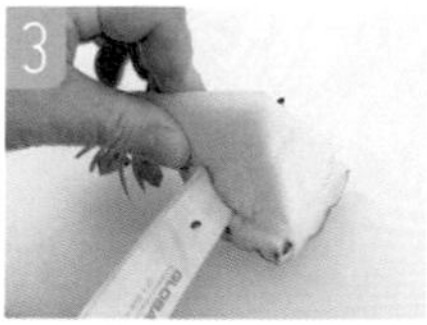

取1切開的1/3塊鳳梨，保留芯部，切取果肉。

半圓片鳳梨果盅

a

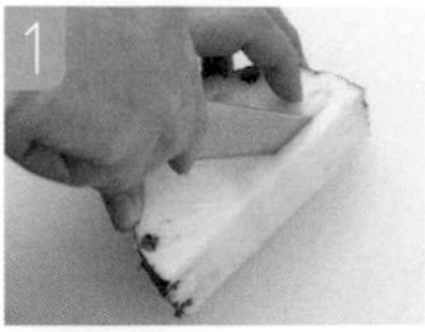

1 先將鳳梨橫向對半切開，再縱向對半切，最後切半月形取出果肉。

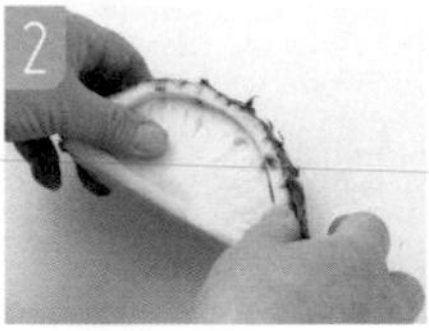

2 以手指推出果肉。

3 切V字替果肉去芯後，取適當厚度切片，再盛放於表皮容器內。

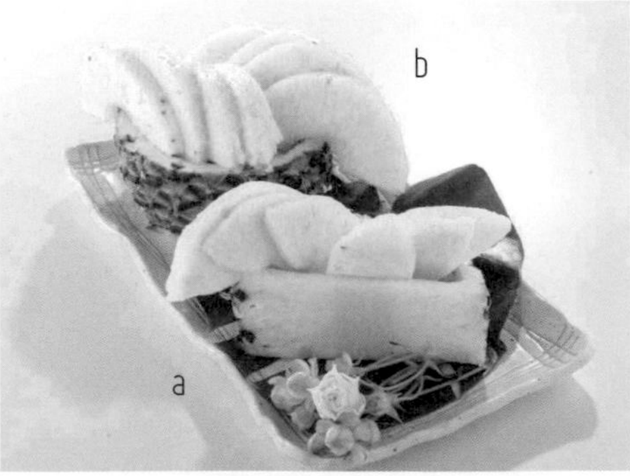

鳳梨王冠果盅

b

1 橫向對半切。

2 以去芯器去芯。

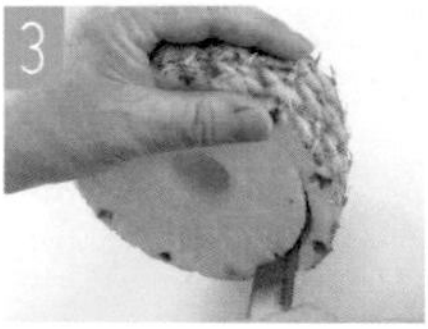

3 縱向擺放，從芽眼內側入刀，繞切一圈。

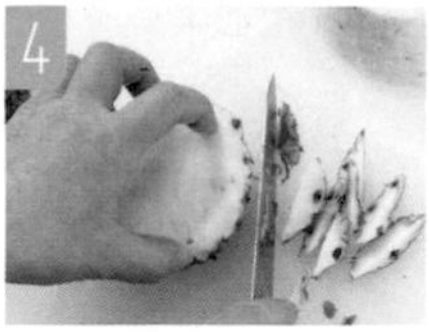

4 取1切開的另一半鳳梨進行削皮，將體積切得小一些。

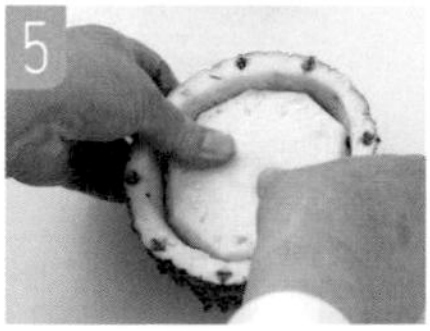

5 放入3的中空果盅內，作為基座。

6 將3切取的果肉縱向對切後，切面平貼砧板放置，再取適當厚度切片，擺放在鳳梨果盅上。

蝴蝶切雕

將鳳梨橫向切成四等分，再縱向對半切開，並切V字去芯。

將兩側的果肉朝芯部斜切取下。

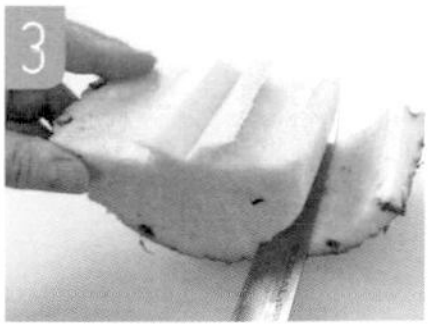

從芽眼內側入刀，順著圓弧切取果肉。

在弧面中央處切V字取下果肉後，先將半側也切兩個V字。

另外半側也以相同切法切取果肉。共切出五個V字。

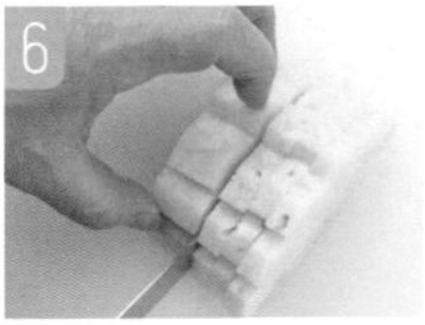

取適當的厚度切片，即可完成蝴蝶造型。

西瓜

由於是果汁豐沛的水果，切雕方法以能夠鎖住果汁為關鍵重點。而對應從中央往表皮逐漸減弱的甜度分布，建議採用切瓣的方式分切，可使甜度較為平均。並請選用刀刃較長的刀具處理此類大型水果，將更得心應手。依露地栽培作物特性，從由正面細觀緊實處下刀，斜向對半切開，就能切成甜味均勻分布的兩等分。

DATA:

產期 1 2 3 4 5 6 7 8 9 10 11 12 6至8月（溫室栽培則為全年）

挑選方式＆品嚐時機

蒂頭結實飽滿，瓜紋清楚帶光澤，果臍窄小緊實，瓜體形狀左右對稱為佳。市售已切開的西瓜則挑選種籽色黑，幾乎無白種籽者。種籽周圍的果肉甜味佳。

熱量（食用部位每100g）

37kcal

品種

大玉西瓜、小玉西瓜、黑部西瓜、橄欖球西瓜（Rugby ball）等。

保存方式

整顆西瓜在通風良好陰涼處可存放3至4天。切開的西瓜以保鮮膜包好，冷藏1至2天，並請於1至2天內食用完畢。最佳品嚐甜味的溫度為15度。屬非後熟水果。

甜度分布圖

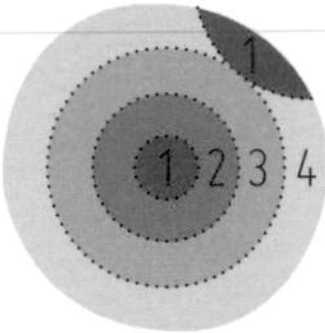

切瓣水果的裝飾

1

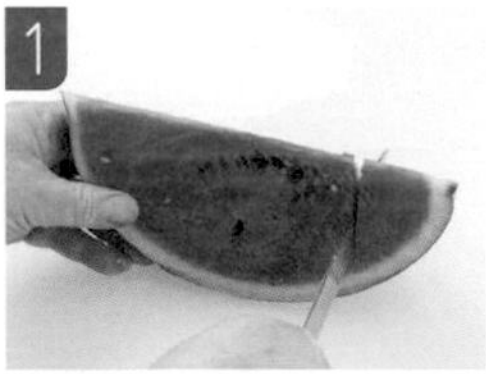

取1/8西瓜，將果肉以等間距切劃5刀。

2

memo:

以水果點綴刀痕

將檸檬＆萊姆的圓薄片插入刀痕處，完成賞心悅目的配色裝飾。插入柳橙或奇異果圓薄片也別有風味唷！

基本切法

以切瓣的方式進行分切，可使果盤的甜味均勻。
建議使用長刀刃的刀具較好處理。

切瓣水果的對半斜切

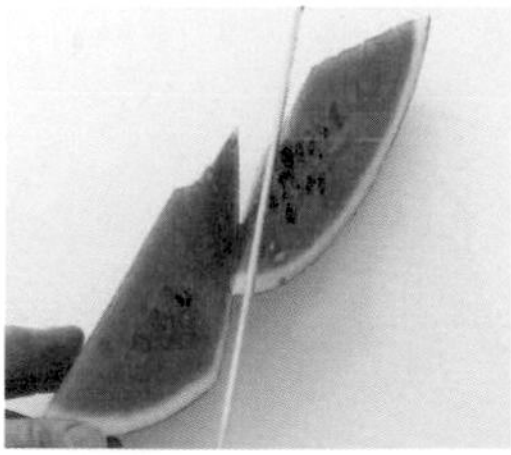

取1/8西瓜，斜向對半切。

帶皮切片

取1/8西瓜，將表皮朝向自己，自左端開始斜刀切片。

交錯擺放切片

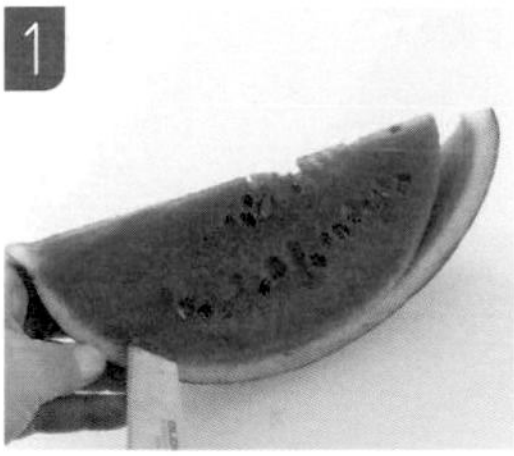

取1/8西瓜，從表皮和果肉之間入刀，平刀片切表皮。

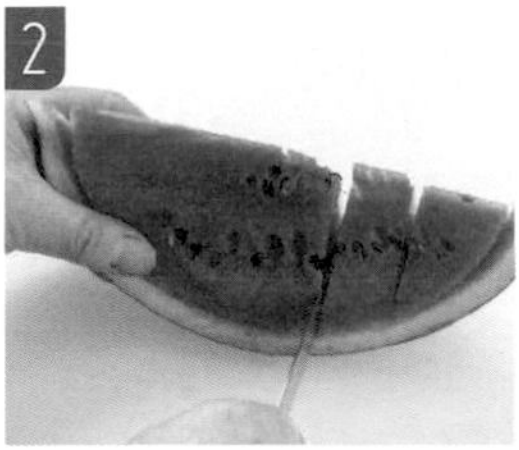

分切果肉，再交錯擺放在表皮上。

等分切

取1/8西瓜，持續自中心點下刀，均等分切成5等分。

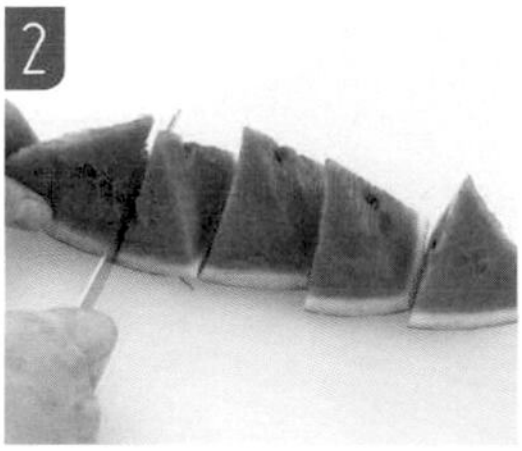

此切法不僅可使各切片的甜味均等，也方便拿在手上享用。

應用切法

展現瓜皮紋路
＆果肉顏色鮮豔度對比的變化。

西瓜盅

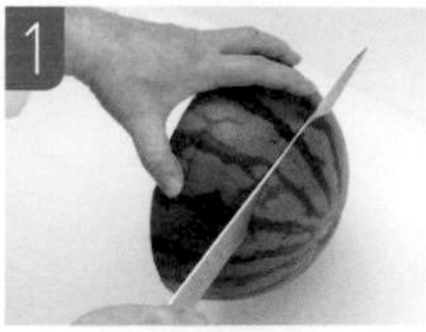

西瓜橫向對半切開後，稍微厚切尾端。

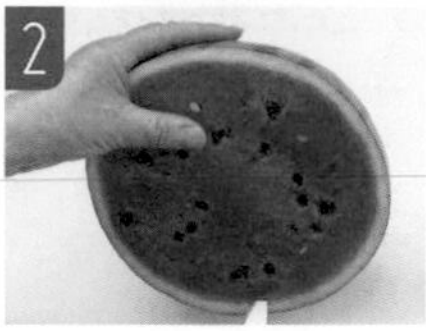

從表皮＆果肉之間入刀，繞切一圈取出果肉。

將❶切下的尾端放入❷的中空果盅內，作為基座。

將❷取出的果肉切成一口大小，盛放在果盅內。

樹形切雕

取1/8西瓜，切除兩端，取中央部位使用。

分別於兩側以刀各切2個V字。

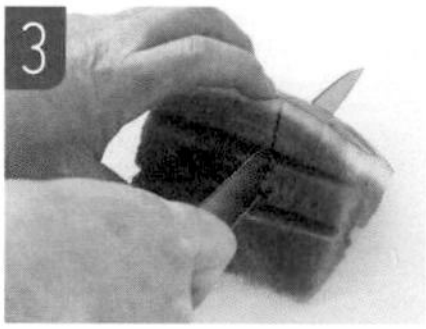

分切寬約2至3cm的西瓜片。

圍圓擺盤

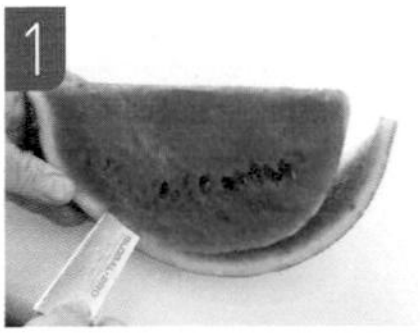

取1/8西瓜，從表皮和果肉之間入刀，平刀片切去皮。

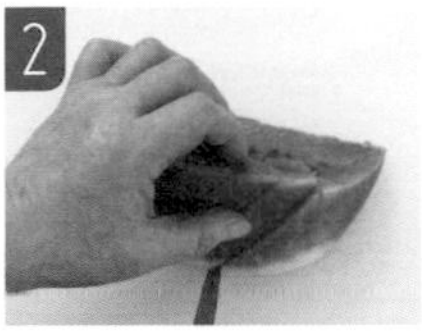

斜切果肉，使長度＆厚度儘量一致。

斜切表皮後，連同2的果肉如描圓邊般地進行圍圓擺盤。

條狀分切

西瓜橫向對半切開後，取2至3cm寬進行分切。

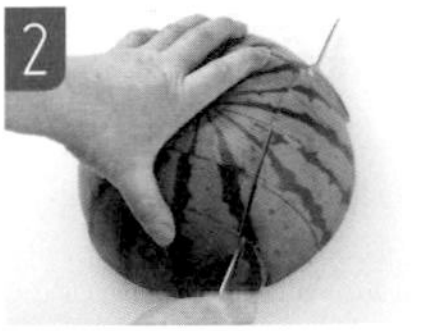

將1整個轉90度，再取2至3cm寬進行分切。

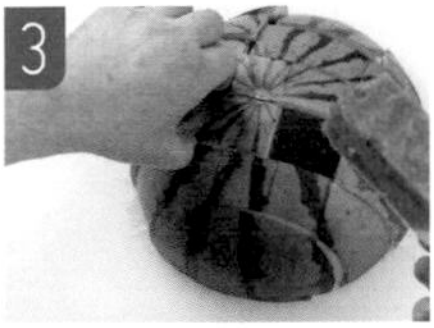

取出條狀的西瓜進行擺盤。

memo:

西瓜籽共有12列?!

將西瓜橫向對半切開後，仔細觀察種籽會發現共有12列。

葡萄柚

由於在樹上結果時如成串的葡萄，因此被命名為葡萄柚。果肉顏色有白色・粉紅色・紅寶石色。種籽少，是種帶有清爽酸味、豐沛果汁的水果。一般都是對半切後，以專用湯匙挖取果肉享用。切雕方法則五花八門，其中有許多技巧也可應用於柳橙上。

DATA:

產期 1 2 3 4 5 6 7 8 9 10 11 12

5至10月（加州產）
10至5月（佛羅里達州產） 6至10月（南非產）

挑選方式＆品嚐時機

整體形狀渾圓，輕按蒂頭具彈性。表皮緊實帶有重量感，且無壓傷為佳。

熱量（食用部位每100g）

38kcal

品種

瑪熙種（Marsh Seedless）、紅肉（Redblush）、湯普森（Thomson）、星紅寶石（Star Ruby）等。

保存方式

冬季存放在通風良好處。夏季裝入塑膠袋後冷藏。保存期限約1週。

請從蒂頭或表皮薄的底部下刀。
由於果汁易流出，因此下刀速度要快。

切瓣水果的表皮切雕

a

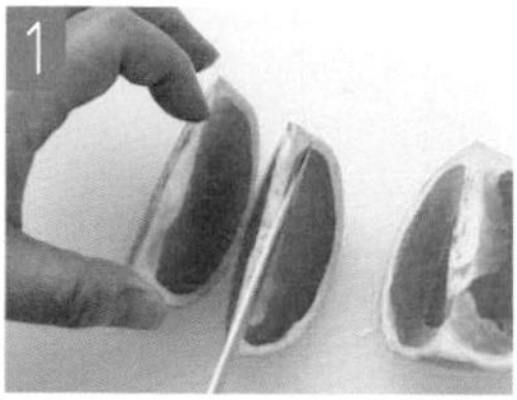

先縱向對半切二等分，再切四等分。

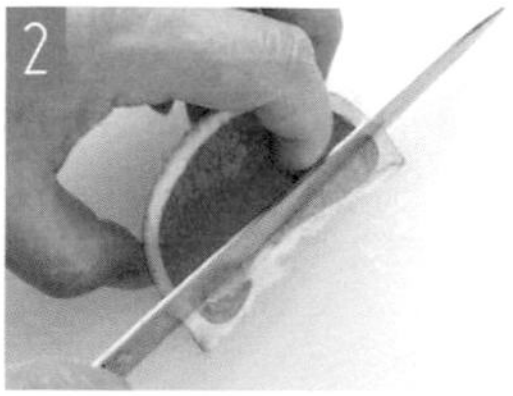

將切面平貼砧板放置，縱向切去芯部。

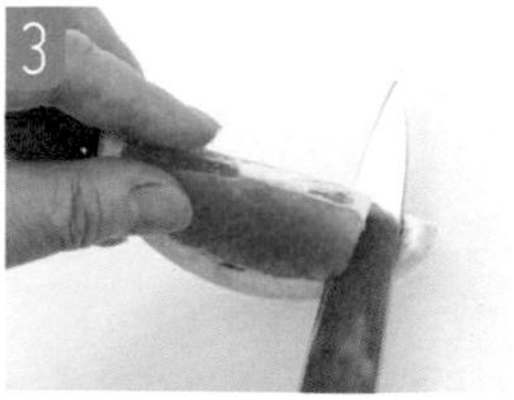

從表皮和果肉之間入刀，平刀片切表皮至2/3處。

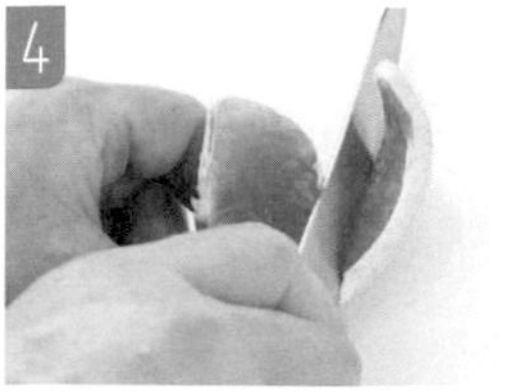

斜切表皮。

b

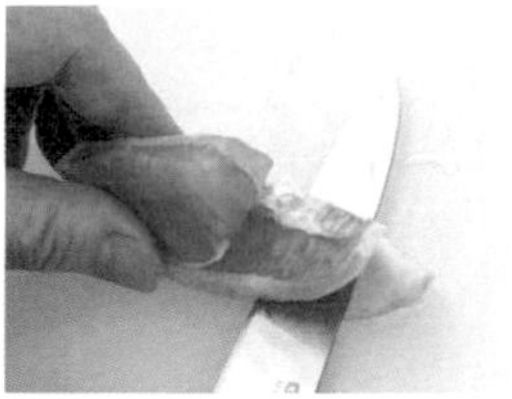

片切1/3的薄皮，再將薄皮摺入內側。

c

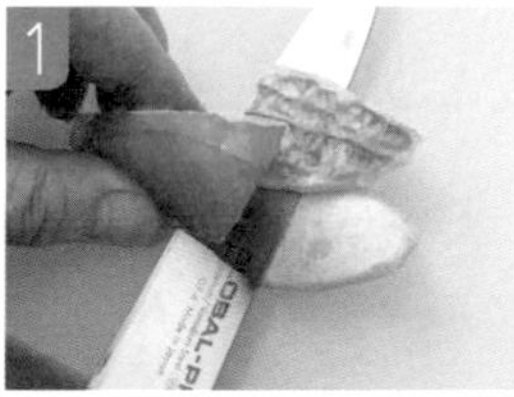

切下1/3的薄皮。

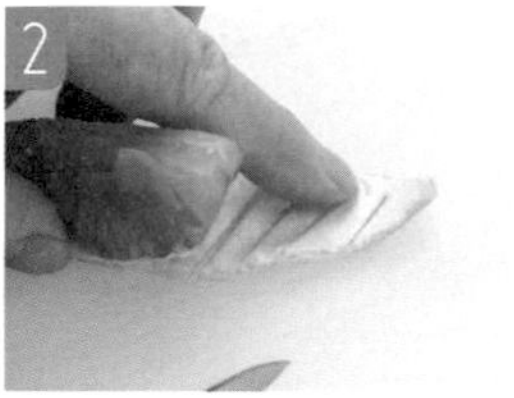

於表皮單側劃4道刀痕，將表皮往內彎摺。

d

在表皮單側斜劃1道刀痕，將表皮往內彎摺。或多切1道刀痕也OK。

e

在表皮上劃出八字刀痕，將表皮往內彎摺。

f

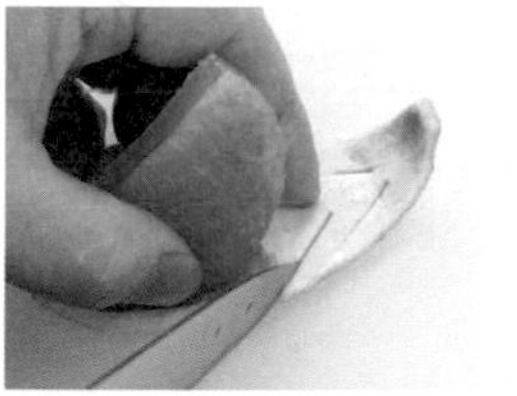

在表皮兩側各斜劃2道刀痕（3道亦可），將表皮往內彎摺。

g

平刀片切表皮，分離果肉後，將果肉與表皮交錯擺放。

應用切法

呈現表皮＆果肉顏色相互輝映之美的方法。
並以方便享用的刀工分切果肉，進一步提昇華麗感。

葡萄柚果盅

a

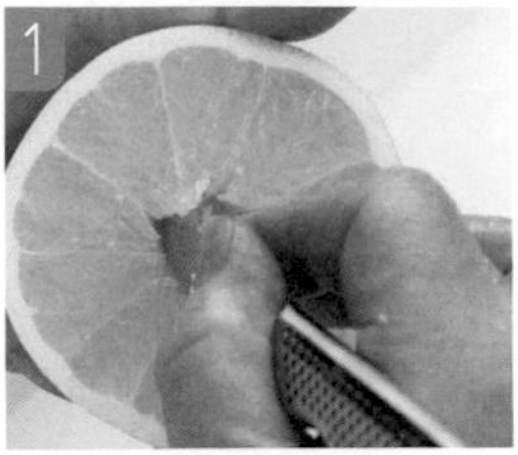

先橫向對半切二等分，以專業去皮刀沿芯部周圍斜切一圈，深至表皮處。

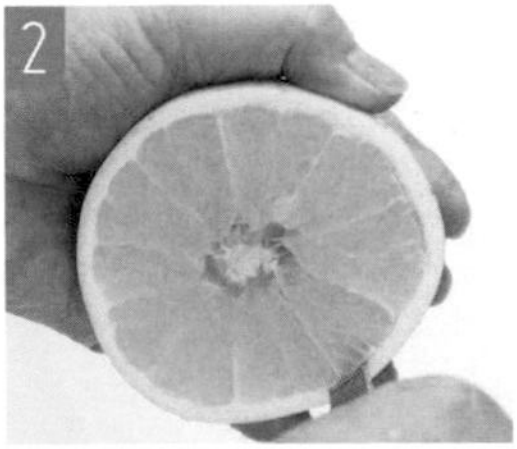

以葡萄柚水果刀從表皮和果肉之間入刀，挖取果肉。

將果肉倒放，裝回表皮盅內。

b

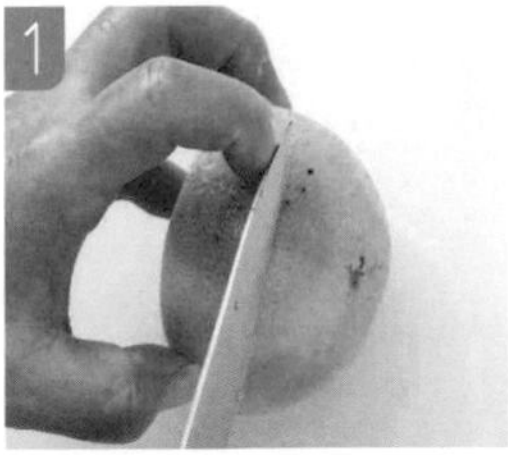

先橫向對半切二等分，再切掉尾端。

從表皮和果肉之間入刀，切取果肉。

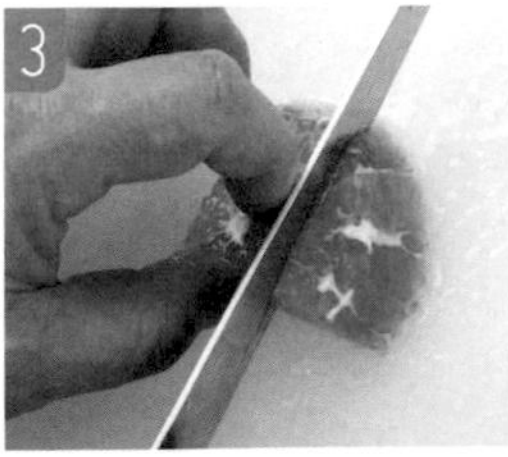

將1的尾端放入中空果盅內，作為基座。再將果肉切成方便食用的大小，盛放在果盅上。

葡萄柚雙果盅

a

1

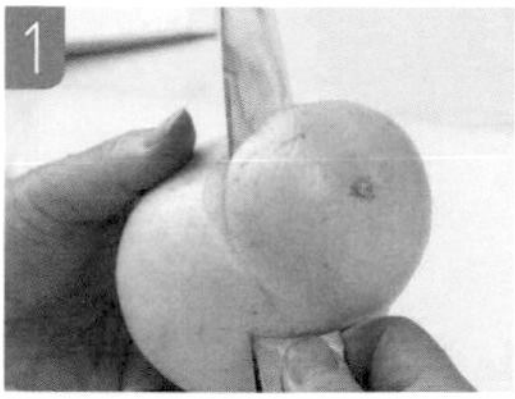

自蒂頭起，以環狀方式削皮。

2

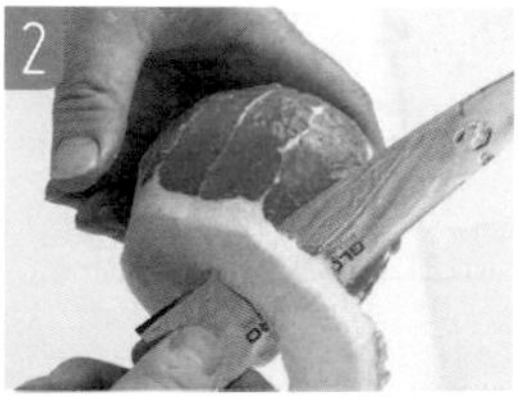

削皮到尾端時，水平切斷剩餘的表皮。

3

將表皮纏繞成2個果盅狀，平底朝上。

4

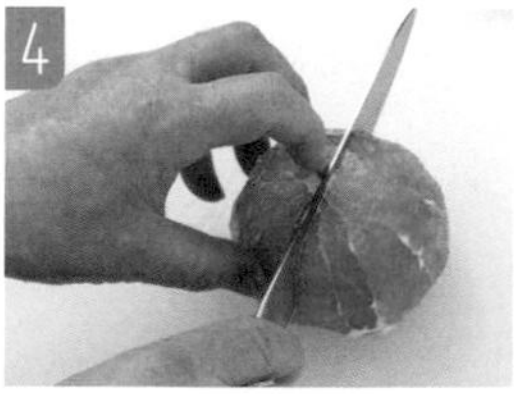

果肉縱向對半切二等分。

5

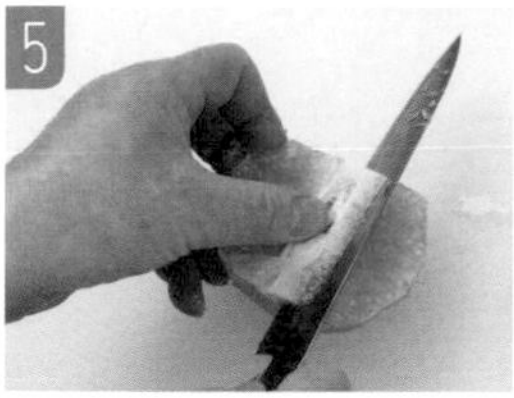

切除芯部。

6

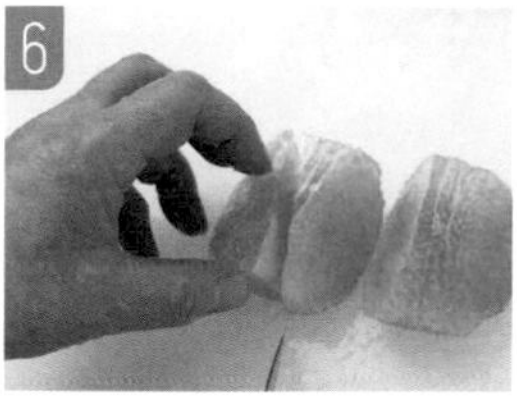

以切瓣＆半圓切片的方式分切果肉，再盛放在果盅內。

簡易葡萄柚果盅

b

1

依a相同作法削皮至3，但將表皮切去1/2。

2

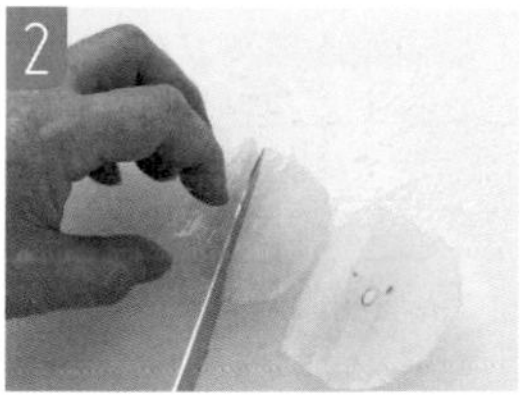

將果肉切瓣處理。

memo:

瓜果盅最適合用於擺盤

透過分切果肉的刀工，還能呈現出形似花卉或羽毛的擺盤。以檸檬、萊姆的薄片和櫻桃點綴，或搭配香氣芬芳的河內晚柑，布置夢幻果宴吧！

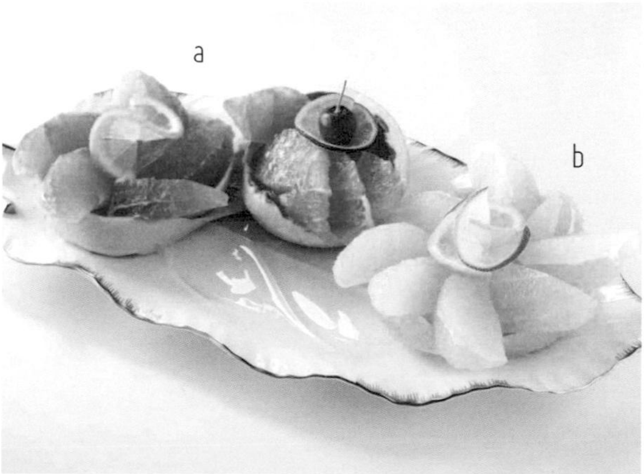

葡萄柚提籃

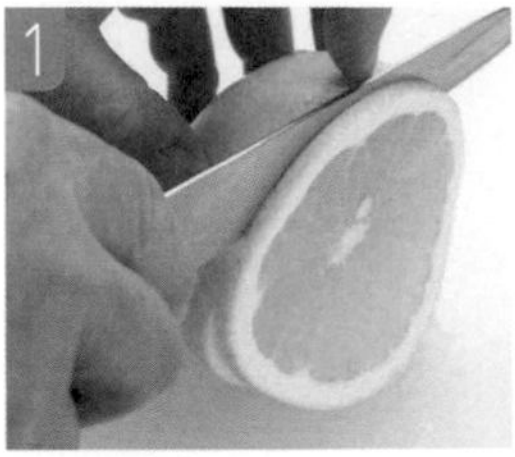

自蒂頭端切去1/3後，在切面的表皮邊緣取5mm寬，從左右各切一刀。

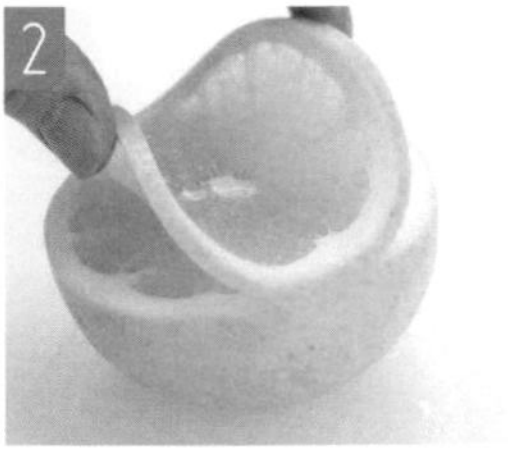

在中段保留1cm不要整片切斷。

以葡萄柚水果刀從表皮和果肉之間入刀，切取果肉。

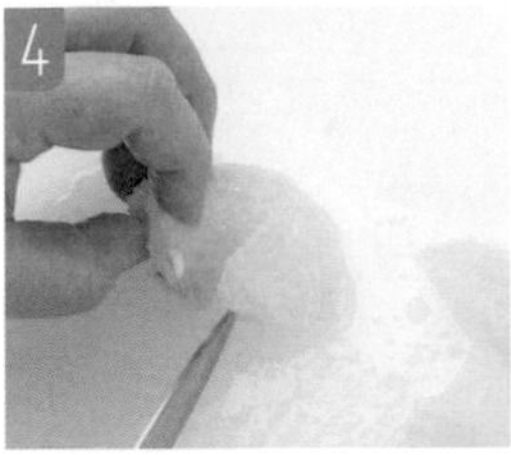

將果肉切成容易入口的大小後，放回果盅內。提起2的表皮＆繫上緞帶，提籃完成！

memo:

提籃切雕的應用提案

提籃的提把，是以左右切起的表皮製作而成。繫上多條不同顏色的可愛緞帶，於孩子慶生會＆派對等場合端上桌，一定能立即驚艷全場！

花車

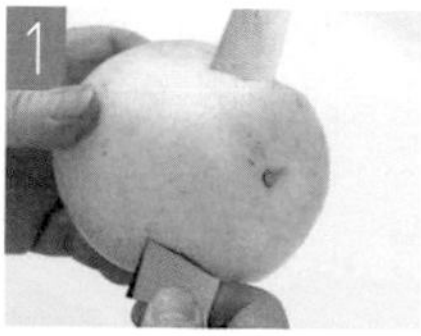

從蒂頭平刀切入後，保持不切斷的狀態，往果臍方向削皮。

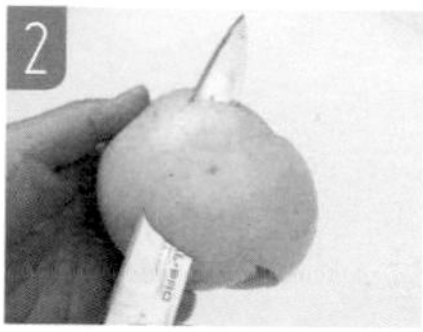

順著葡萄柚的圓弧果形削皮，直至相反側的果臍處時，以平刀切斷。

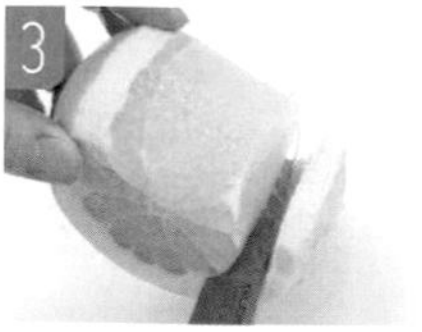

剩餘的表皮再順著圓弧抵住砧板，平刀片切去皮。

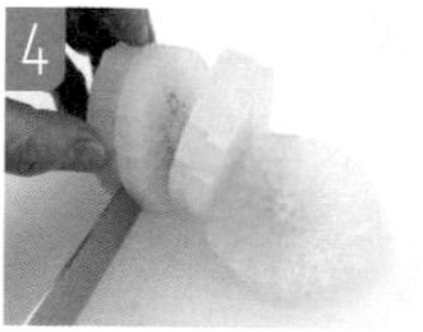

將果肉切成片狀。

鋸齒花

專業去皮刀從葡萄柚下方1/2處入刀，以U字波浪切法繞切一圈。

繞切一圈回到起點，即可將整顆葡萄柚一分為二。

切面呈現花的形狀。上桌前先在表皮和果肉之間劃上十字刀痕，食用起來會更方便。

memo:

以其他水果添加裝飾之美

利用草莓、葡萄、櫻桃等水果點綴，就能詮釋出可愛感。

柳橙

活用香味怡人、色彩鮮豔的表皮，就能享受豐富的切雕樂趣。如表皮切雕＆柳橙果盅等，技巧花樣變化多端。表皮切雕亦可應用於柑橘＆洋香瓜等水果。不易徒手剝下的柳橙皮，正是展現高超刀工的好素材。請在此學會分切柳橙的數種常用技巧吧！

DATA:

產期 1 2 3 4 5 6 7 8 9 10 11 12

3至4月（清見）　其他則為12至1月
5至8月（瓦倫西亞橙）　2至3月（臍橙）

挑選方式＆品嚐時機

表皮緊實富含光澤，帶分量感為佳。表皮越有光澤，代表果肉越多汁。選擇蒂頭處新鮮的柳橙亦可。

熱量（食用部位每100g）

39kcal（瓦倫西亞橙）、46kcal（臍橙）

品種

瓦倫西亞橙（Valencia Orange）、臍橙（Navel）、桶柑、塞米諾爾橘柚（Seminole）、安可柑（Encore）、茂谷柑（Marcot）、清見（Kiyomi）、凸頂柑、春見柑（Harumi）等。

保存方式

冬季存放在通風良好處，夏季裝入塑膠袋後冷藏。因不屬於後熟水果，請儘早食用完畢。

基本切法

由於表皮和果肉之間的白色纖維很厚，去皮時也要連同白色纖維厚削去除。

切瓣

a

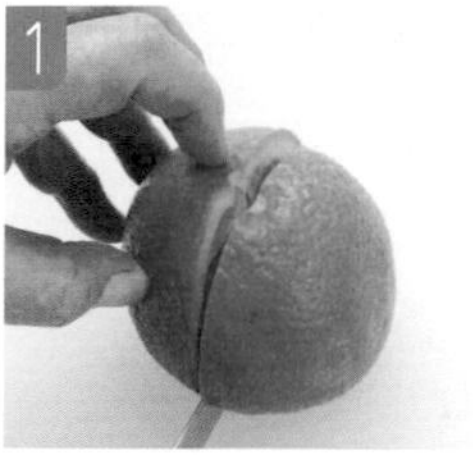

將柳橙縱向對半切二等分。

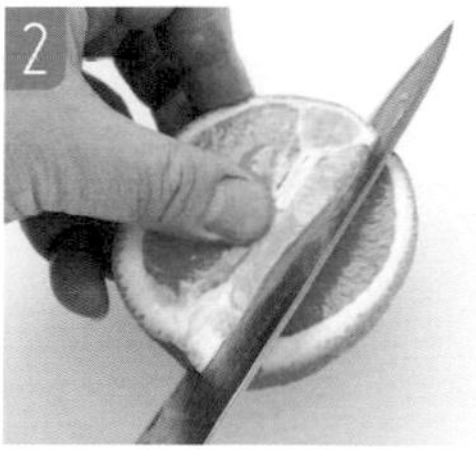

在芯部切略大的V字來去芯。

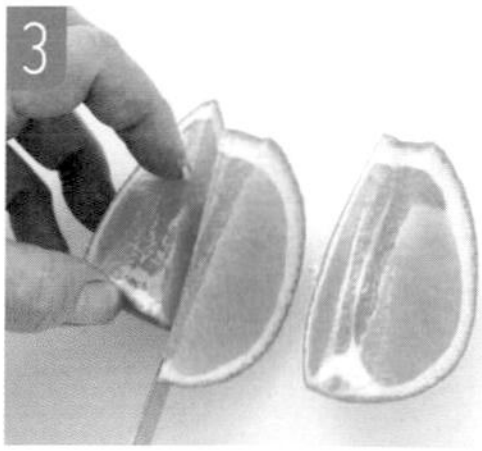

四等分切瓣。

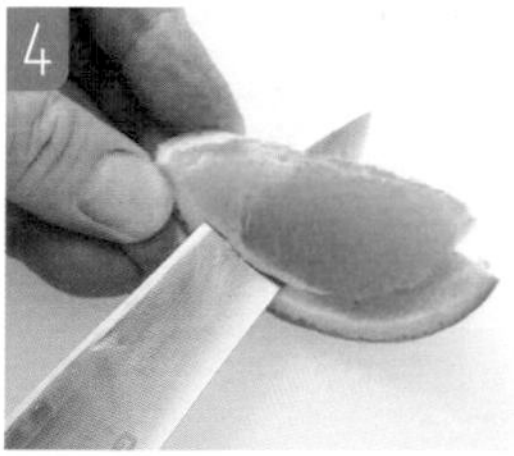

從表皮和果肉之間入刀，平刀片切去皮，再將表皮和果肉交錯擺放。

memo:

柳橙的去皮方法

①螺旋狀削皮 從蒂頭平刀切入，再順著圓弧果形螺旋狀地削表皮。
②縱向削皮 厚切頭尾端表皮，再縱向厚切削皮。

三角切塊

b

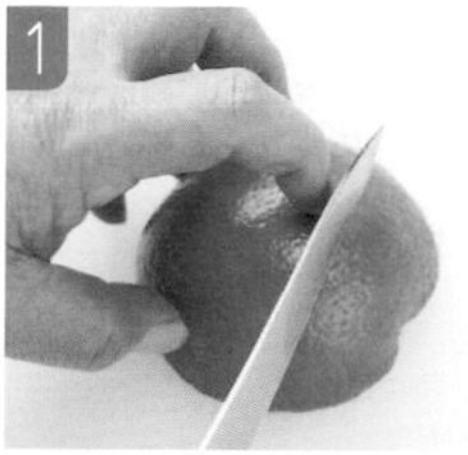

將柳橙縱向對半切二等分，再切除頭尾端。

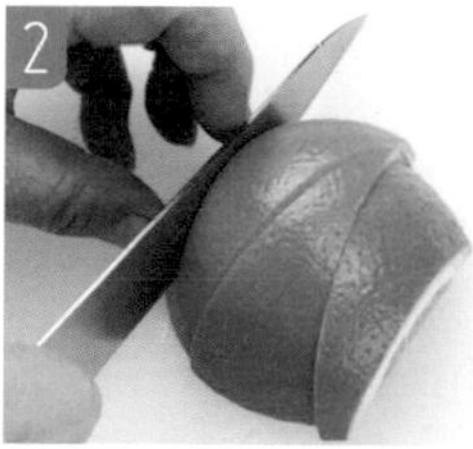

取寬1.5cm，切成三角塊狀。

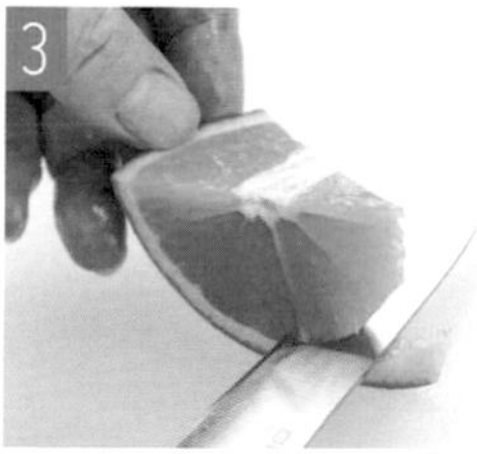

從表皮和果肉之間入刀，平刀片切去皮。

應用切法

表皮・果肉交映著鮮美亮麗的色彩，
與其他水果搭配擺盤也很賞心悅目。

色紙擺盤

厚切頭尾端的表皮。

縱向對半切二等分。

從表皮與果肉之間入刀，順著圓弧抵住砧板，平刀片切表皮。

在芯部切略大的V字來去芯。

將果肉切成4至5片的半圓片，盛放在表皮上。

瓣片切法

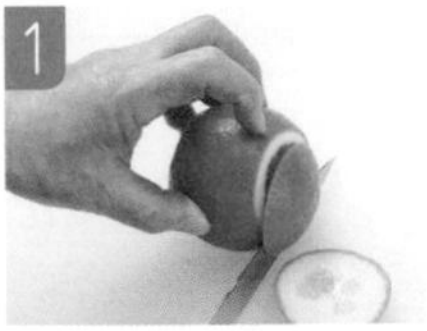

厚切頭尾端的表皮。

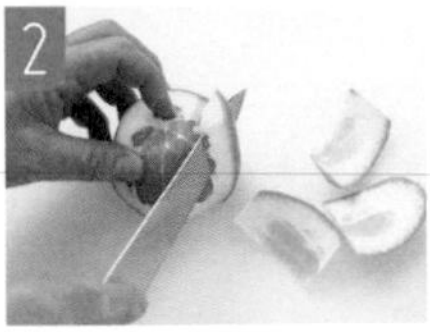

縱向厚切削皮。

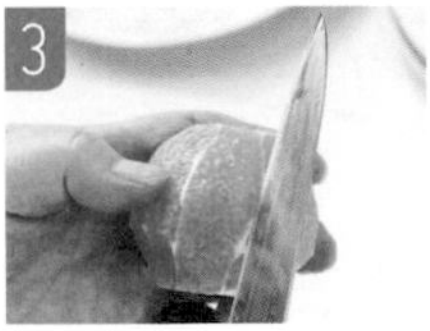

沿著白絡下刀，切取果肉。

採用放射狀擺盤，並以薄荷葉點綴裝飾。或放上檸檬・萊姆的花瓣造型圓片也會很美呢！

memo:

色紙擺盤的詞源

由於此切法的柳橙表皮形狀略呈四角形，因此命名為色紙擺盤。

色紙擺盤

瓣片切法

鋸齒花

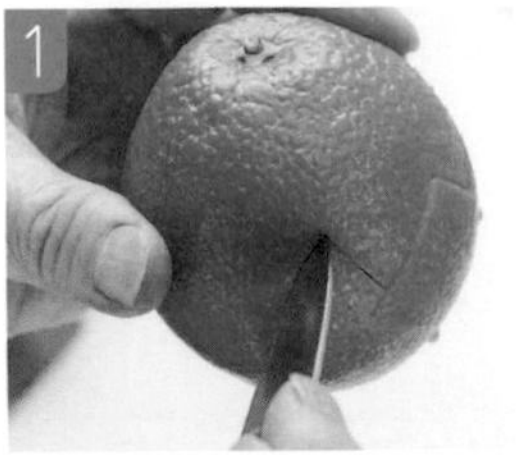

水果刀於1/2處入刀，以V字切繞一圈。

下刀要深至中央，切完一圈後，將整顆柳橙一分為二。並在表皮和果肉之間劃上十字刀痕。

柳橙提籃

（作為花器使用）

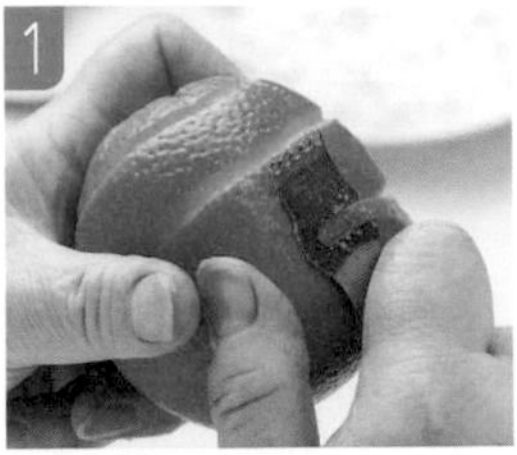

先以削皮器將表皮削出螺旋紋路。

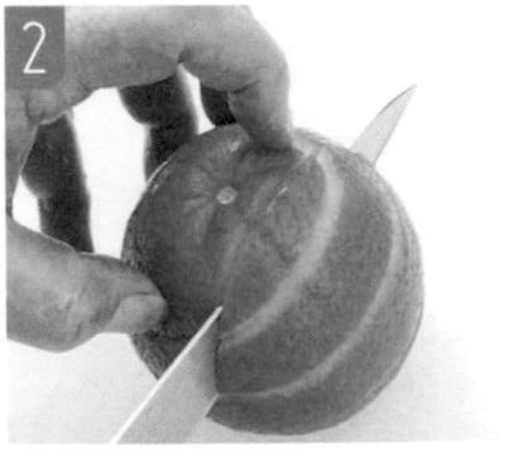

自距中央1cm處下刀，縱切至柳橙的1/3處，再橫向切去單側果肉。

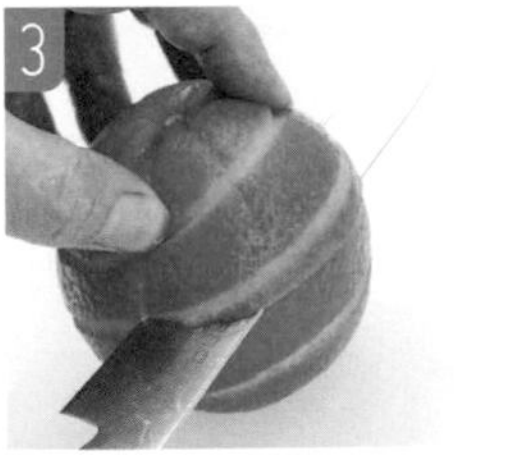

另一側也以相同切法處理。

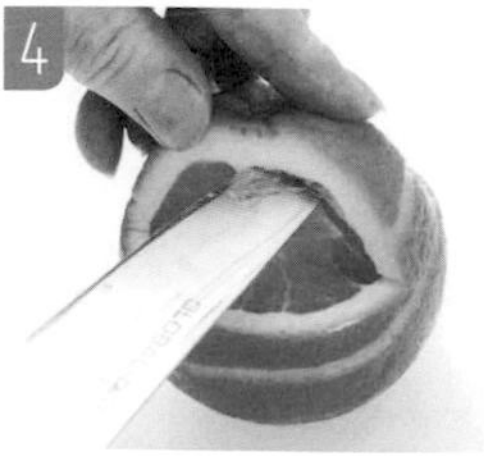

切除提把內側的果肉。

以葡萄柚水果刀挖取內部果肉。

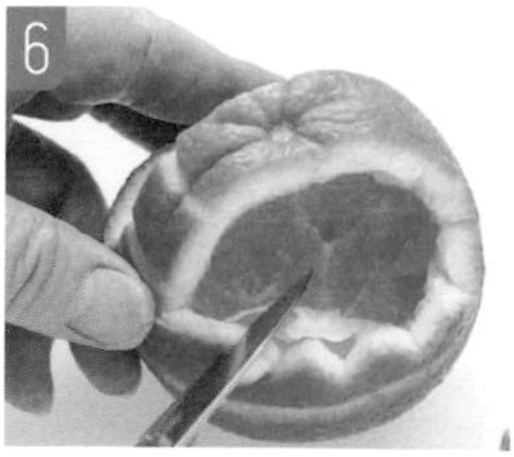

將表皮邊緣繞切一圈V字。

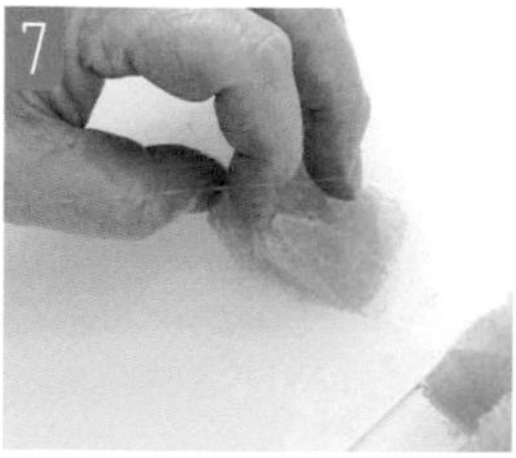

將挖出來的果肉切成容易入口的大小。

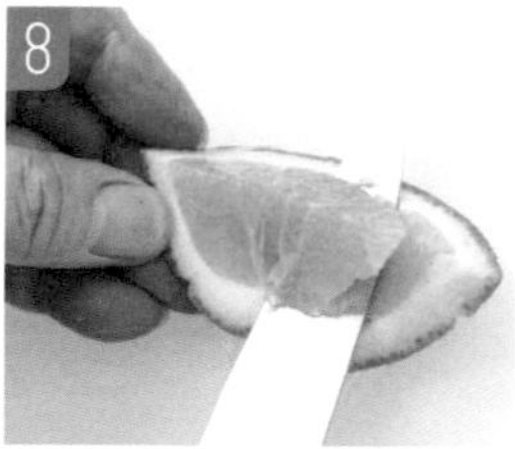

切取2、3切除部位的果肉。

memo:

提籃切雕的應用變化

可參照下圖以花卉點綴，或將挖除的果肉切成瓣片狀加以擺盤裝飾也很好看。削成繩狀的表皮香氣芬芳，隨意配置於提籃兩側即可。

奇異果

奇異果是甜味、酸味跟香味都極出色的水果。由於果臍端甜度高於蒂頭端，建議採用切瓣的方式分切，使果盤的甜度均等。因外形神似紐西蘭的國鳥奇異鳥，所以被命名為奇異果。除了常見的綠色果肉之外，市面上也有黃色果肉的黃金奇異果。

DATA:

產期 1 2 3 4 5 6 7 8 9 10 11 12 4至11月（紐西蘭產產） 11至3月（日本產）

挑選方式＆品嚐時機

以卵形、整顆果肉硬度均等、絨毛均勻遍佈整體、無碰傷者為佳。按壓時果肉略軟，即代表可品嚐到甜味的最佳享用時機。

熱量（食用部位每100g）

53kcal

品種

黑沃德（Hayward）、布魯諾（Bruno）、艾柏特（Abbott）、香綠、黃金奇異果等。

保存方式

請擺在通風良好處催熟，待熟後冷藏。未熟的奇異果可冷藏保存1個月。

甜度分布圖

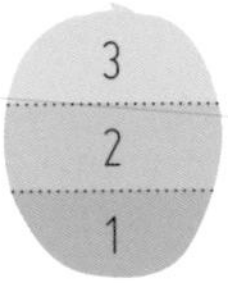

基本切雕

首要重點為切除蒂頭處突起的硬芯。
以切瓣的方式為基本型。

去皮切瓣

a

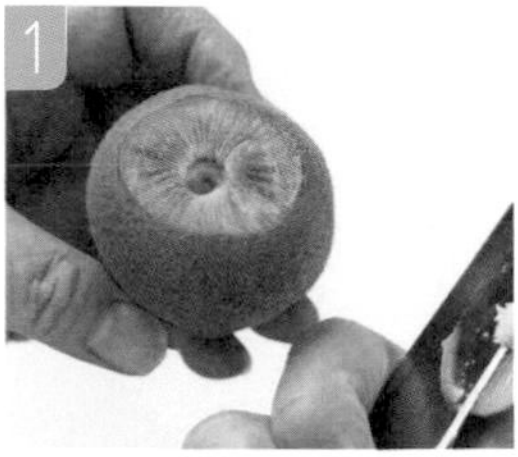

從蒂頭端切入，順著突起的硬芯去芯。

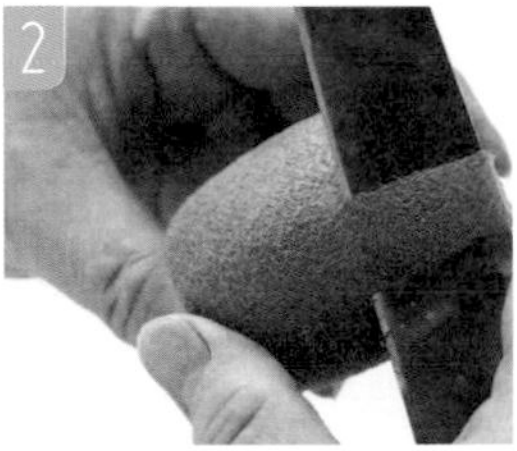

同樣切除果臍端。再從蒂頭端往果臍端直削去皮。

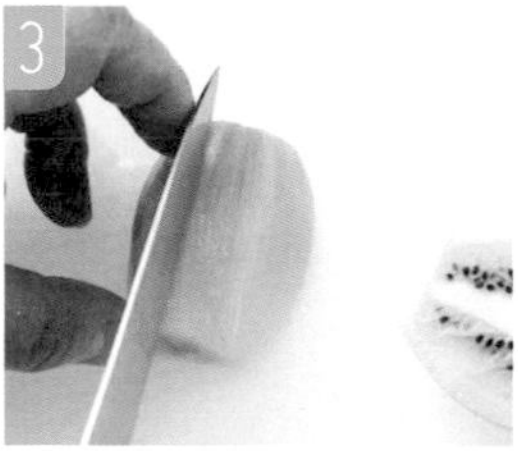

縱向對半切二等分，再切成瓣片狀。

去皮三角切塊

b

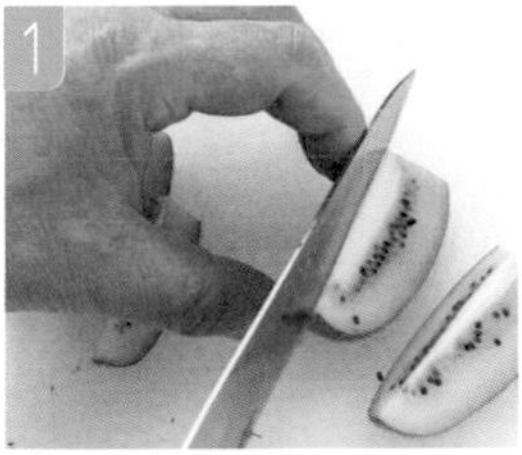

從蒂頭端切入，切除突起的硬芯。縱向對半切二等分後，切成瓣片狀。

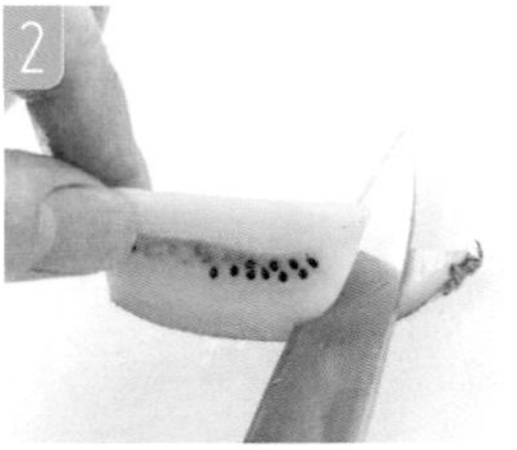

從表皮和果肉之間入刀，平刀片切去皮。

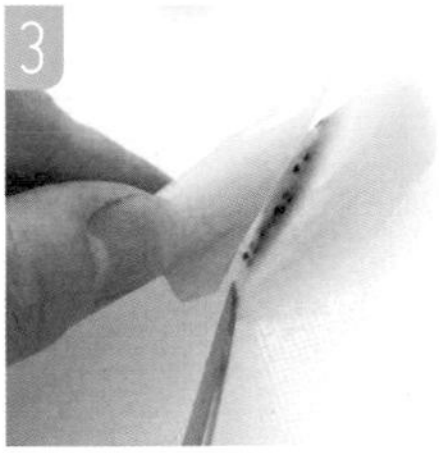

斜向對半切。

去皮圓片

（參照P.42）

c

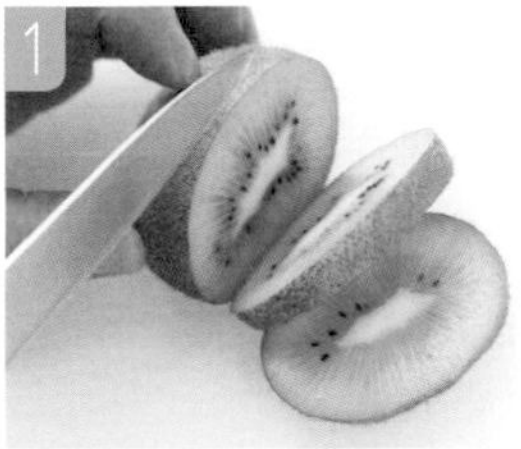

切除頭尾端，再切成適當厚度的圓片。

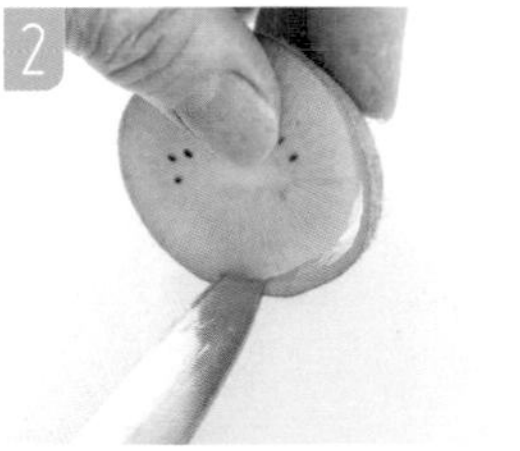

從表皮和果肉之間入刀，以轉動圓片的方式切去表皮。

memo:

果臍端的應用提案

以切除的果臍端製作果盅，善加利用吧！

應用切法

以令人眼前一亮的造型切片&
活用表皮的果蒂，為拼盤錦上添花。

去皮&花形切片

d

1 從蒂頭端切入，切除突起的硬芯。再同樣切除果臍端。

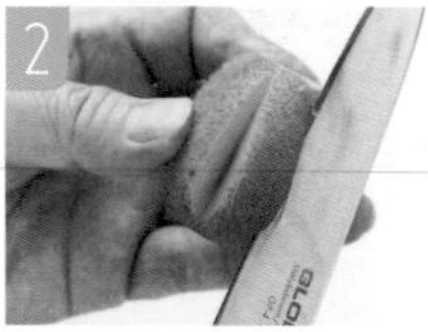
2 環繞一圈，縱向切出8個淺V字凹槽，切取少許果肉。

3 削去所有剩餘的表皮。

4 取容易入口的厚度將果肉切片，切面即呈現花朵形狀。

奇異果盅（縱切）

f

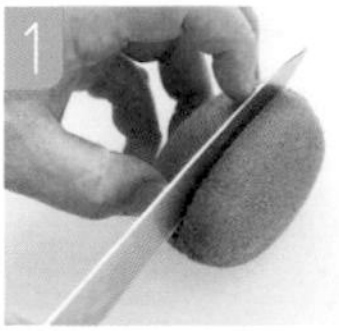
1 縱向對半切二等分。

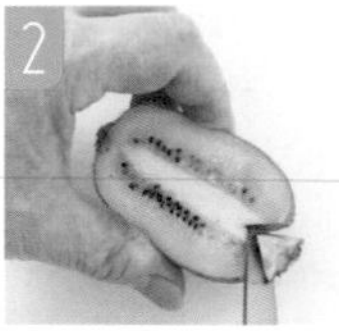
2 切去突起的硬芯。

3 以葡萄柚水果刀繞切奇異果一圈，切取果肉。

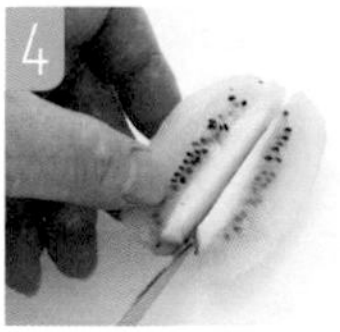
4 果肉縱向對半切，再將果肉稍微立起&錯落地盛放在果盅內。

memo:

硬芯難以與果肉分離切除時

以蒂頭為中心，以刀尖繞切一圈，就能將芯切除乾淨。

奇異果盅（橫切）

a
b

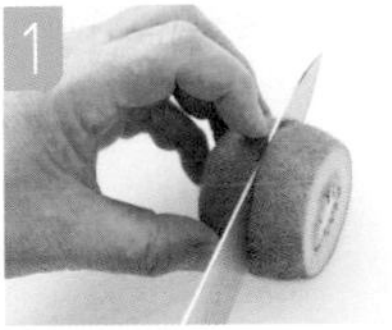

1 切除頭尾端後，橫向對半切二等分。

2 從表皮和果肉之間入刀，轉動奇異果去皮。

3 將1切除的部分放入2挖空的表皮內作為基座，組合成果盅。

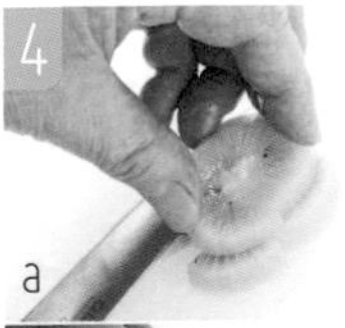

4 a 將果肉切成容易入口的大小。

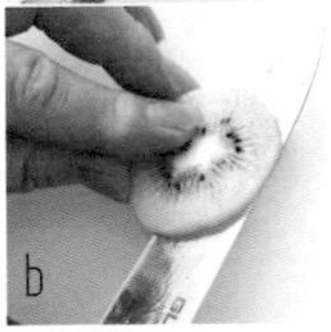

b 切成適當厚度的圓片。

蠟燭造型切雕

c

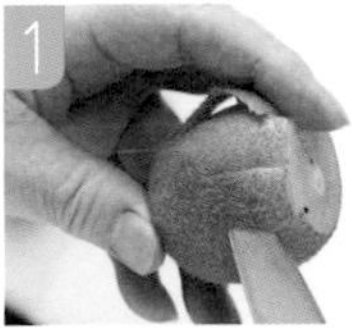

1 先切除頭尾端，每隔1cm的間距，劃開表皮至距離下端1/3處。

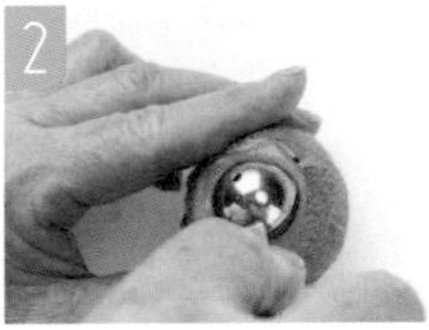

2 以水果挖球器在蒂頭端挖出圓凹洞。

3 挖出圓凹洞的模樣。

4 將外圍的每一片表皮往內捲摺。再於凹洞處放上西瓜球，作為蠟燭的火焰。

memo:

適合製作蠟燭火焰切雕的水果

建議使用洋香瓜、西瓜、芒果、木瓜等色彩鮮亮的水果。

木瓜

正如「青色時是蔬菜，黃色時是水果」所言，當表皮轉黃時，就是最佳的享用時機。木瓜內含的木瓜酵素（papain），具有軟化動物性蛋白質的作用，非常適合搭配肉品料理。去籽時為避免傷及柔軟的果肉，請以水果挖球器或湯匙，小心地去除種籽。

DATA:

產期 1 2 3 4 5 6 7 8 9 10 11 12　全年（夏威夷產產）　5至8月（日本產）

挑選方式＆品嚐時機

表皮無損傷、飽滿且帶有分量感為佳。表皮變軟即為享用時機。表皮上黏黏的膠質是因為糖分滲出皮外所致，若有此狀況，果肉都會很甜喔！由於底部甜度較高，建議採用切瓣的方式分切，使果盤的甜度均等。

熱量（食用部位每100g）

38kcal

品種

蘇魯（Solo）、日陞（Sunrise）。

保存方式

擺在通風良好的地方催熟。完熟後冷藏，可存放約1週。

甜度分布圖

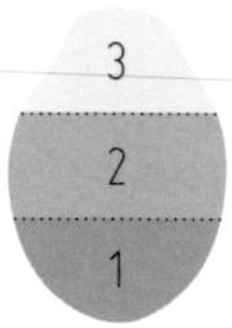

基本切法

去皮時厚切蒂頭端，而果臍端因甜度較高，建議薄切即可。

切瓣

a 1

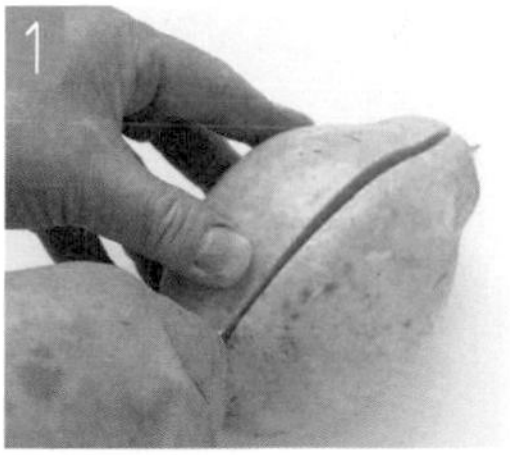

縱向對半切二等分。

2

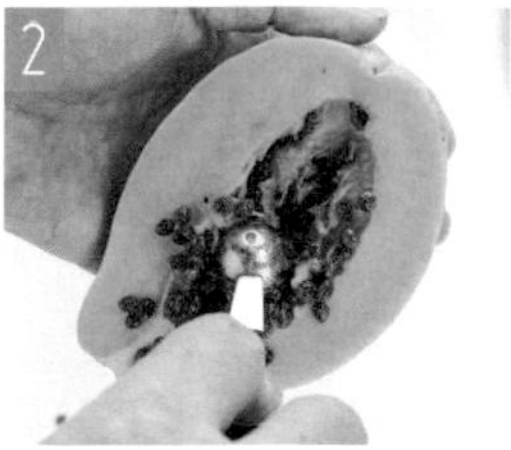

以湯匙或水果挖球器等，從果肉較柔軟的果臍端開始挖瓤去籽。

3

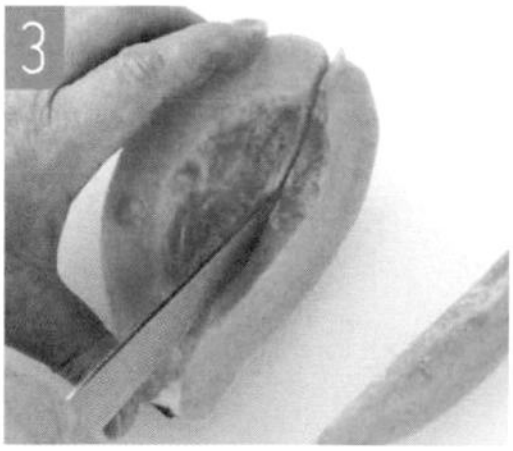

切成瓣片狀。

4

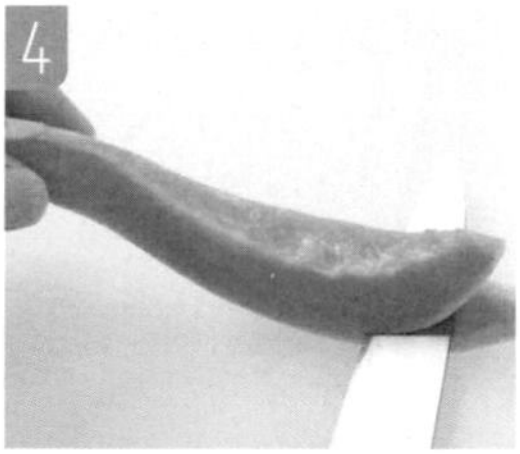

從表皮和果肉之間入刀，平刀片切去皮。再將果肉和表皮交錯擺放。

b

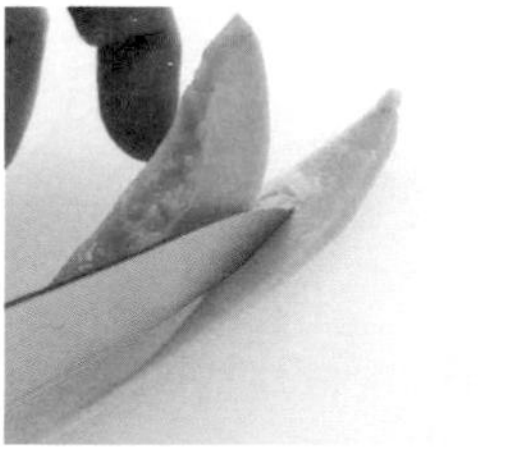

表皮片切至1/3處，於表皮單側斜劃一刀，再將表皮摺入內側。

memo:

將種籽去除乾淨的方法

為免傷害柔軟的果肉，以湯匙或水果挖球器等，自果臍端小心地去籽。

切扇形

c 1

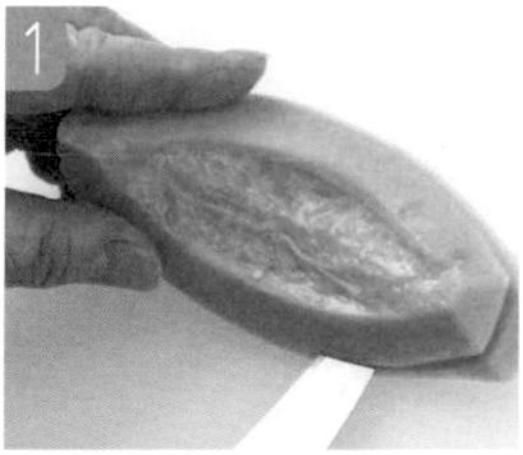

取1/4木瓜，從表皮和果肉之間入刀，切去表皮。

2

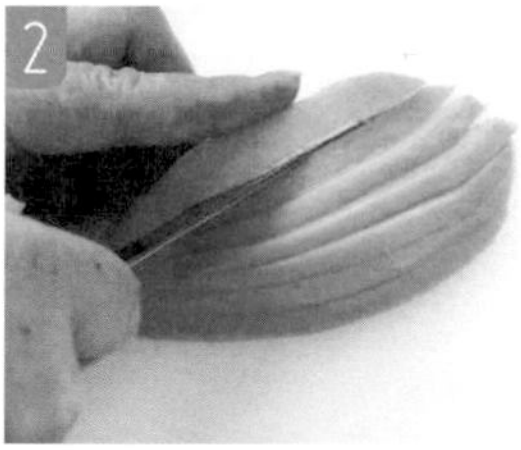

保留1/3不切斷，在果肉上縱向切劃數刀切成細長條狀。再將其展開呈扇形，與表皮縱橫交叉擺放。

應用切法

以木瓜盅＆木瓜船吸引眾人目光吧！為免傷害熟成的果肉，請快速俐落地完成切雕作業。

交錯擺放切片

a
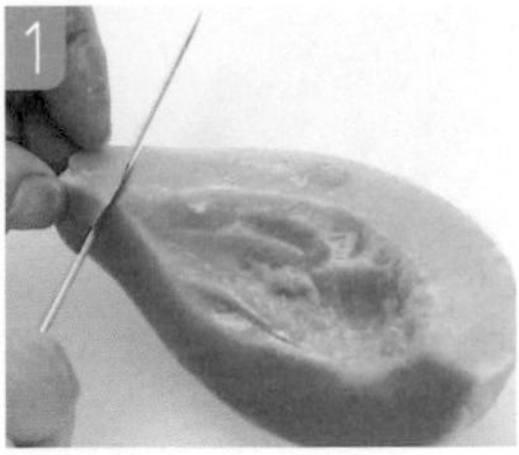

取1/4木瓜，切去蒂頭端。

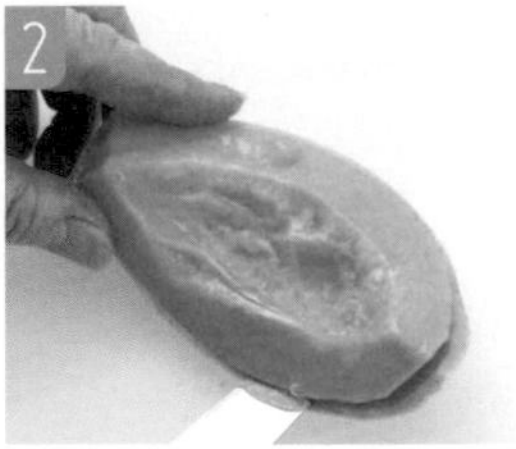

從表皮和果肉之間入刀，切去表皮。

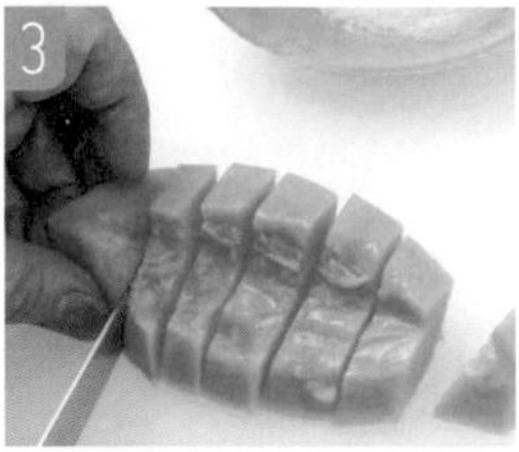

將果肉切成6片，交錯擺放在表皮上。

木瓜果盅

b

取1/2木瓜，切去蒂頭端。

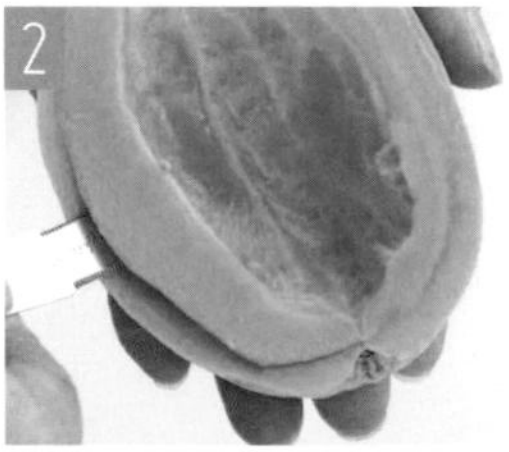

以葡萄柚水果刀乾淨漂亮地挖取果肉。

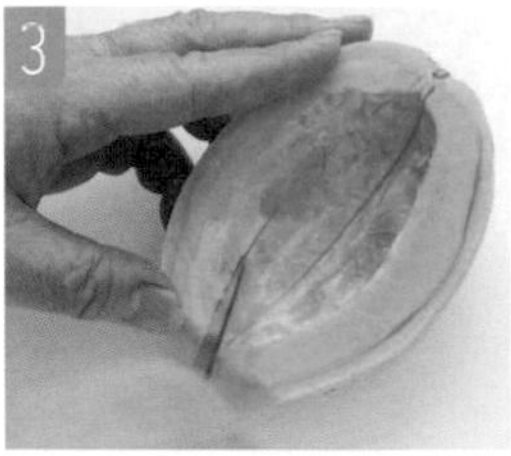

將果肉擺在表皮果盅上，僅將果肉切劃3刀。

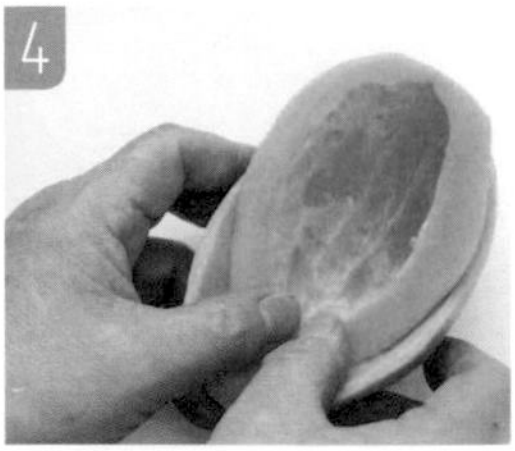

稍微立起果肉，與果皮錯開擺放，並以萊姆＆檸檬裝飾點綴。

木瓜船

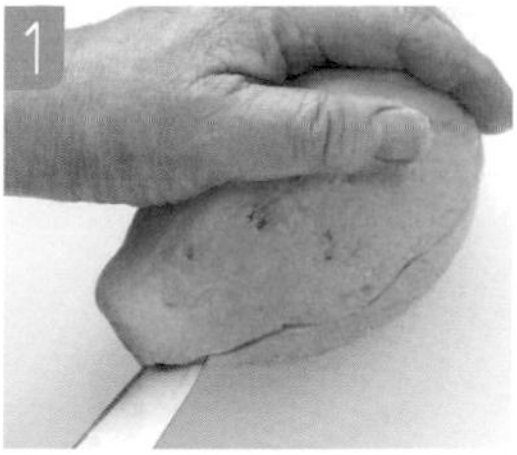

橫向對半切二等分。

以U字切法繞切外圍一圈，並挖瓤去籽。

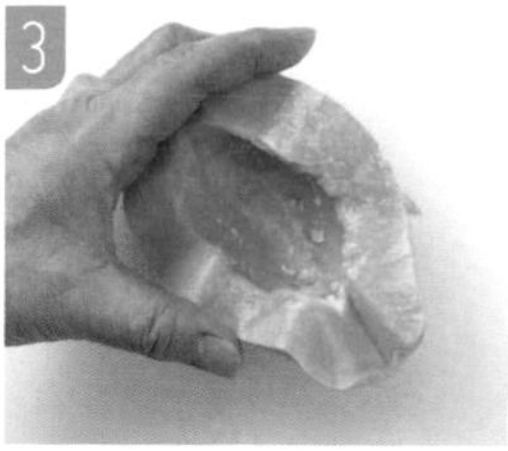

切V字去除果蒂。

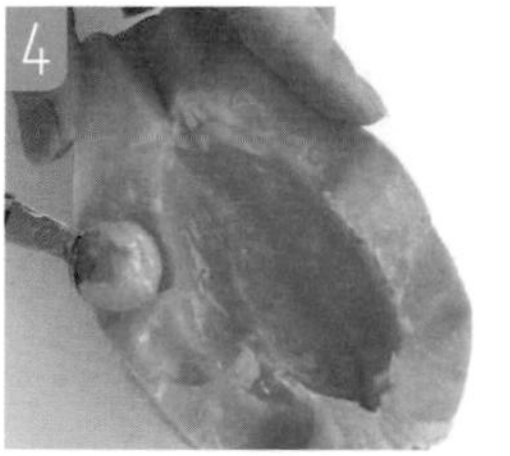

以水果挖球器將果肉挖成木瓜球。

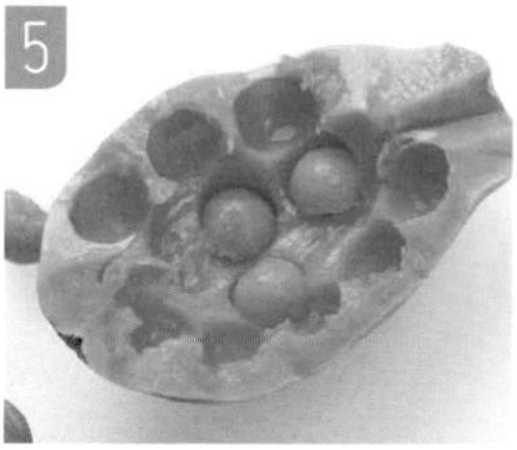

挖取果肉後，木瓜球圓弧面朝上，放回洞內。

memo:

木瓜船的作法

以水果挖球器水平抵住果肉後，快速旋轉便能挖出漂亮的球狀。也可應用在洋香瓜、西瓜等水果上，變化切雕果盤的氛圍。

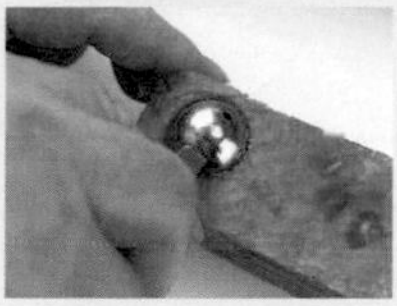

以西瓜為例

酪梨

建議依熟度挑選適合的切雕方法。於即將食用之際切開，淋上檸檬汁可預防果肉產生褐變。因黏稠的口感而被譽為「森林的奶油」，營養價值極高。也可當成沙拉和料理的食材。酪梨籽只要以刀刃刺入挑起，就能順利去除。

DATA:

產期 1 2 3 4 5 6 7 8 9 10 11 12 全年 （美國・墨西哥產）

挑選方式＆品嚐時機

皮綠且硬，外觀無損傷，蒂頭未脫落為佳。當表皮由綠轉黑，蒂頭部分出現皺紋即為享用時機。

熱量（食用部位每100g）

187kcal

品種

哈斯（Hass）、佛也得（Fuerte）、貝肯（Bacon）、祖塔諾（Zutano）。

保存方式

無論是未熟或催熟的酪梨，都應存放在通風良好的場所。切開的酪梨果肉必須淋上檸檬汁，以保鮮膜包好放入冰箱冷藏。

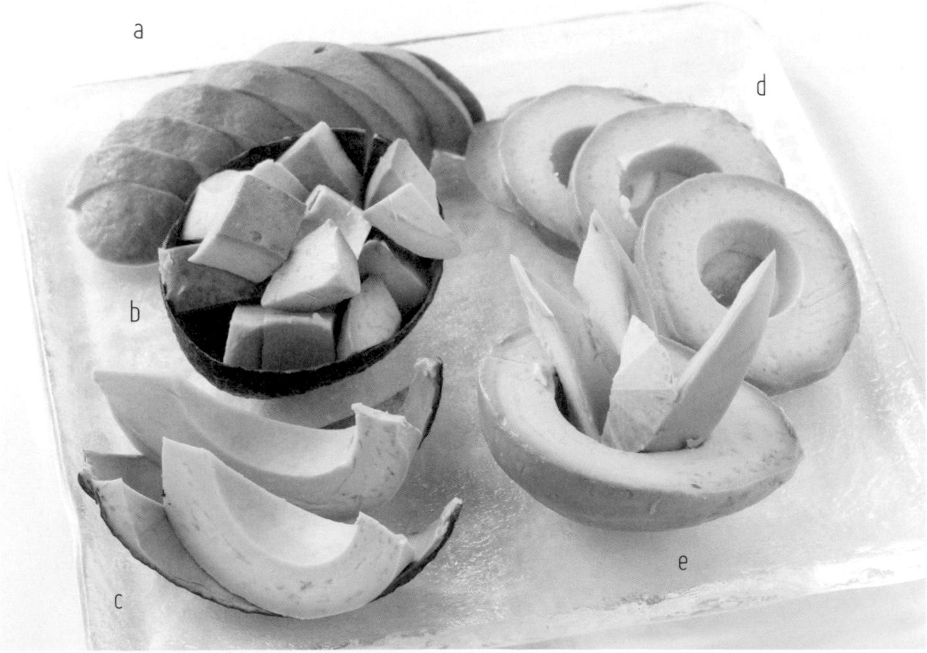

去皮＆去籽

切一刀深至酪梨種籽，依此深度繞切酪梨一圈。

雙手輕輕扭轉酪梨，小心地掰成兩半。

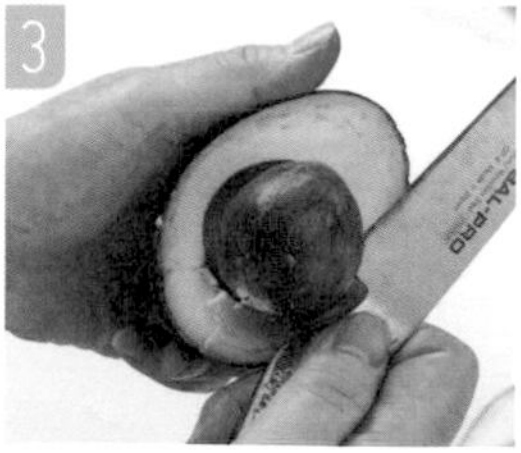

以刀刃刺入種籽挑起，就能去除乾淨。

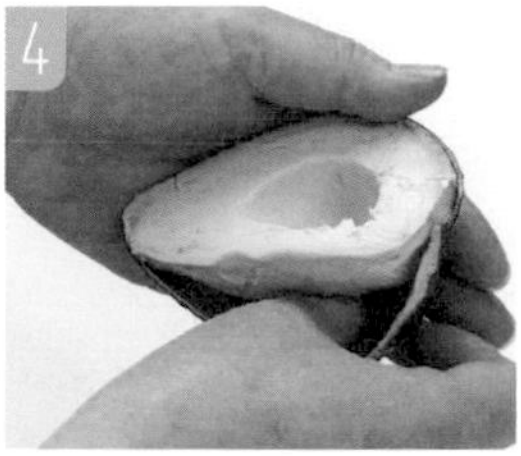

以刀尖在表皮上輕劃一刀，再從該處徒手剝皮。

切片

a

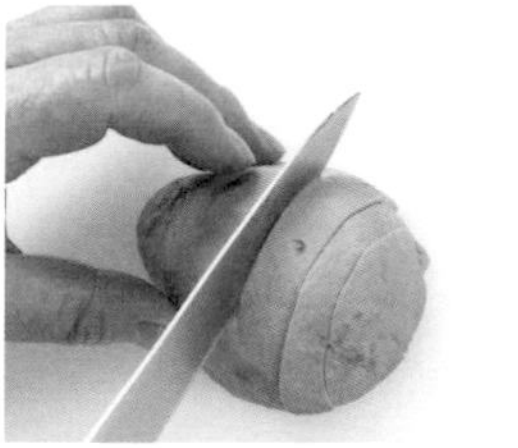

切面朝下平貼砧板，切成薄片。

切丁

b

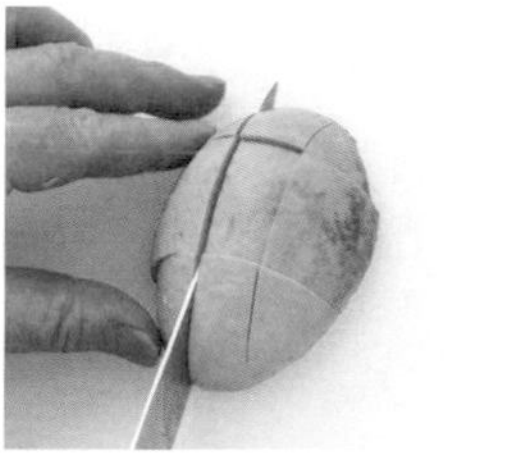

在果肉上以縱橫向切丁，再將果肉盛放在酪梨皮果盅內。

切瓣

c

將帶皮酪梨縱向對半切二等分＆去籽，再切四等分。

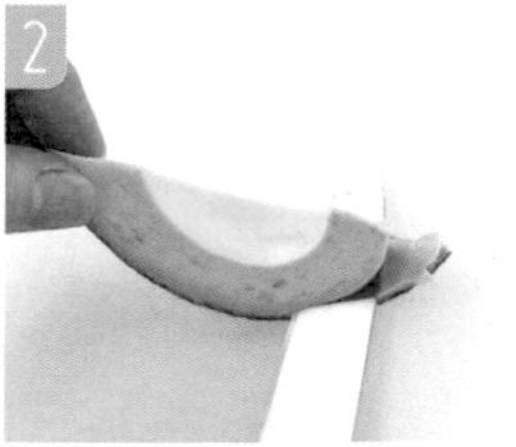

從表皮和果肉之間入刀，平刀片切去皮，並將表皮與果肉交錯擺放。

圓切片

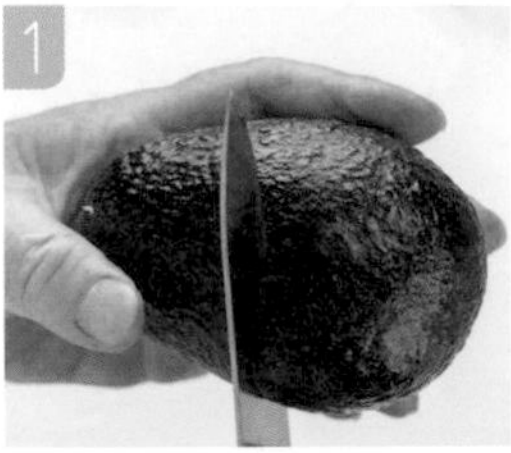

先橫向對半切至種籽，再繞切一圈。

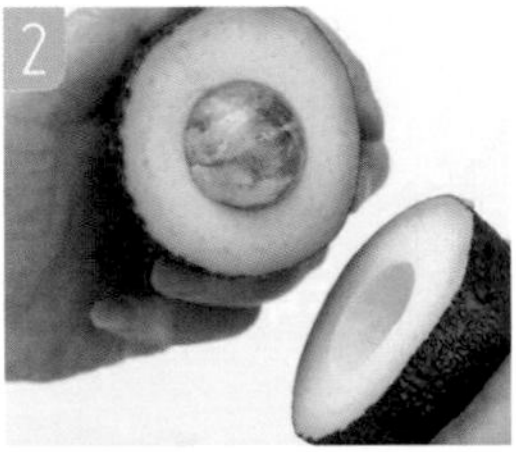

雙手輕輕扭轉酪梨，將整顆掰成兩半。

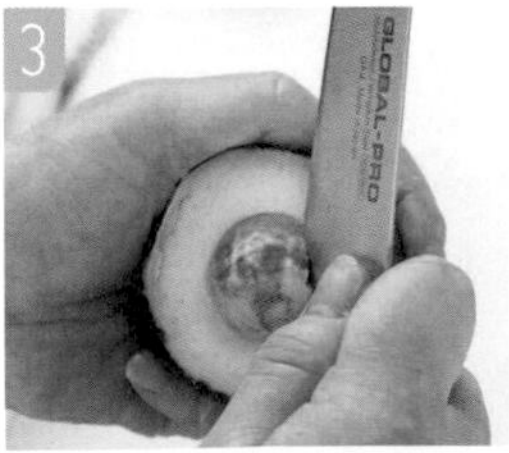

以刀刃刺入種籽，將種籽挑除。

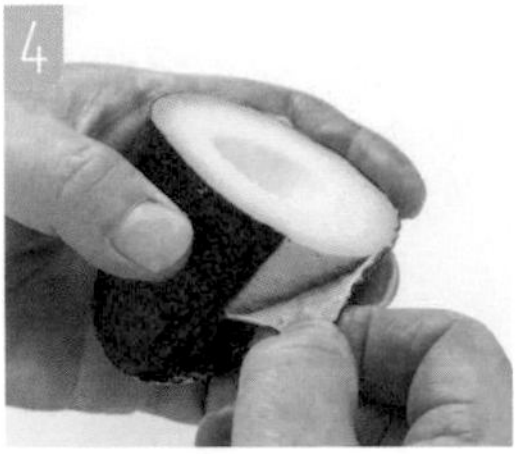

以刀尖劃開表皮。

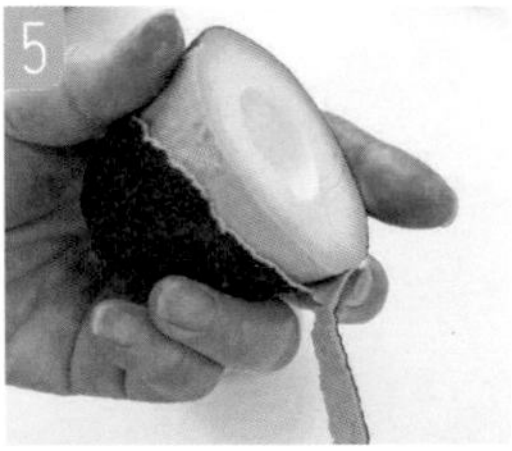

從刀痕處徒手剝皮。

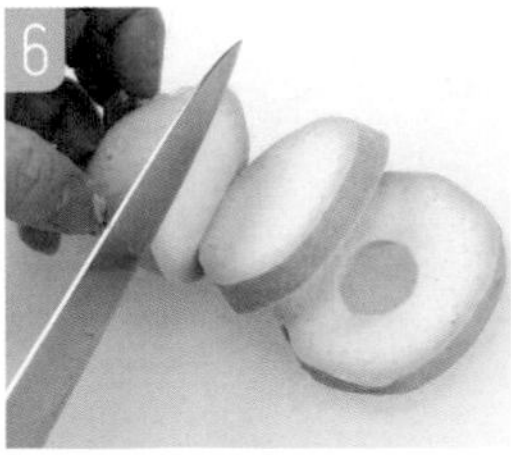

切成圓片。

memo:

酪梨圓切片的變化擺盤

在圓片上劃開刀痕，串連式的擺盤也頗具玩心。

酪梨果盅

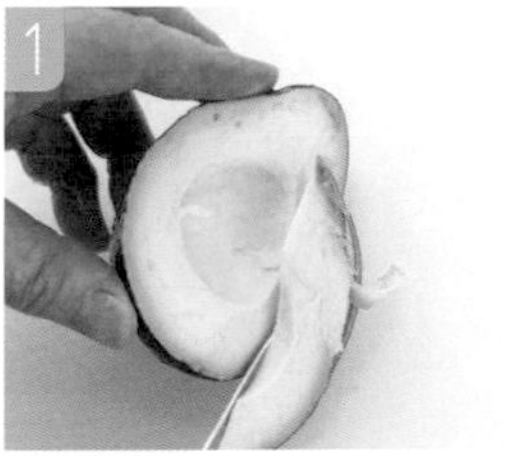

1
將帶皮酪梨縱向對半切二等分，去除種籽後，再切四等分。

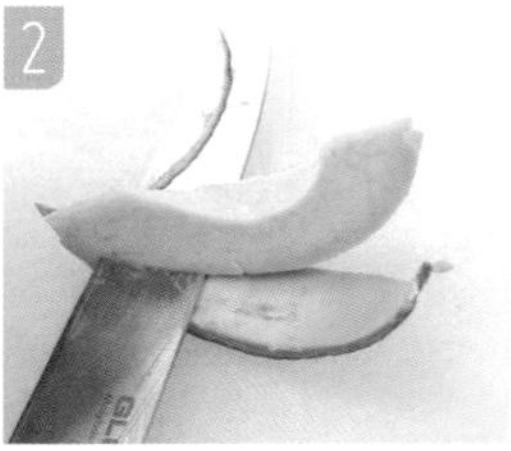

2
從表皮和果肉之間入刀，平刀片切去皮。

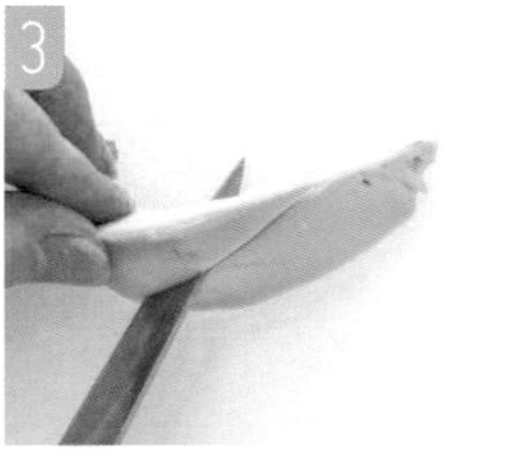

3
斜切果肉。

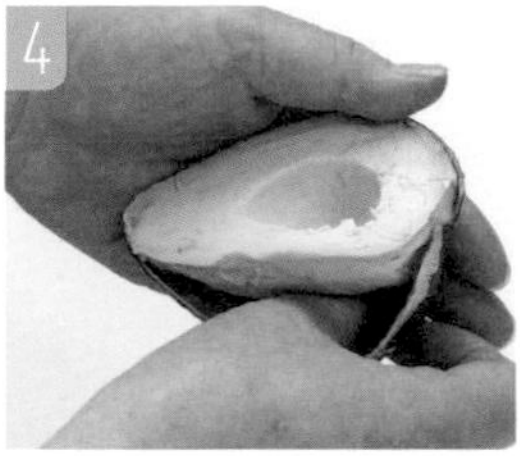

4
將切好的果肉擺在另一半去皮的果肉上。

芒果

鵜鶘芒果（Pelican Mango）擁有黃色表皮，形狀就像是鵜鶘的鳥喙。而蘋果芒果（Apple Mango）就像蘋果般紅而圓。當芒果出現香氣，果肉稍微變軟即為享用時機。芒果與其他水果的不同之處在於位在果肉正中央的果核為扁平狀，因此必須採用獨特的「三片切法」去核。

DATA:

產期 1 2 3 4 5 6 7 8 9 10 11 12

2至7月（菲律賓產）　4至10月（墨西哥產）
8至9月（美國產）　4至8月（日本產）

挑選方式＆品嚐時機

避免挑選表皮帶黑點或有損傷的芒果。以表皮平滑，緊實且帶光澤為佳。當芒果散發香味，蒂頭周圍變軟即為享用時機。

熱量（食用部位每100g）

64kcal

品種

呂宋（Carabao）、海頓（Haden）、凱特（Keitt）、肯特（Kent）、愛文（Irwin，宮崎縣・沖繩縣）等。

保存方式

存放在通風良好的環境下催熟，待熟後冷藏保存。亦可於食用前2小時放入冰箱短暫冷藏，增添清爽風味。必須儘快食用完畢。

甜度分布圖

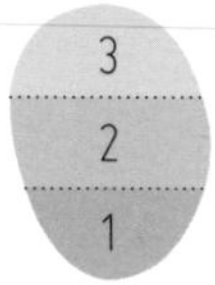

切斜片

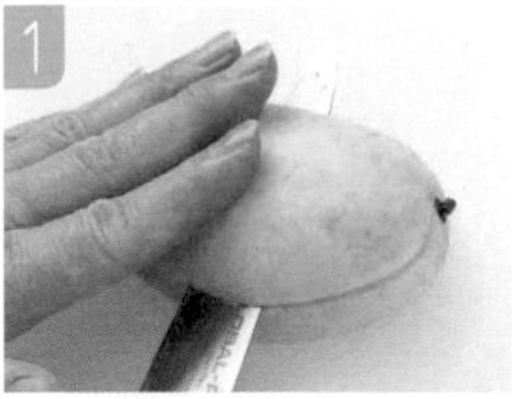

從蒂頭端入刀，取約貼近扁平果核上方的位置，水平切開果肉。另一側也以相同方式切開果肉。

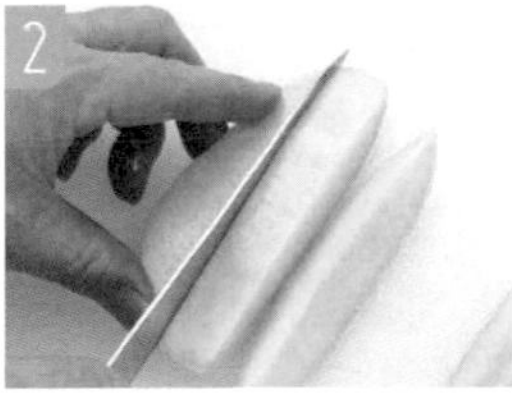

將兩塊果肉各切成三等分。

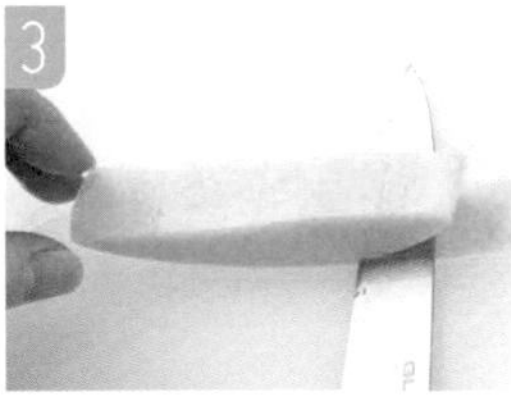

平刀片切去皮。

擺橫斜切成方便食用大小的薄片。

切丁

a

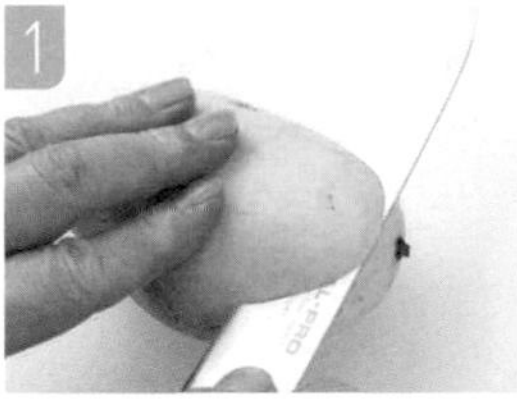

從蒂頭端入刀，取約貼近扁平果核上方的位置，水平切開果肉。

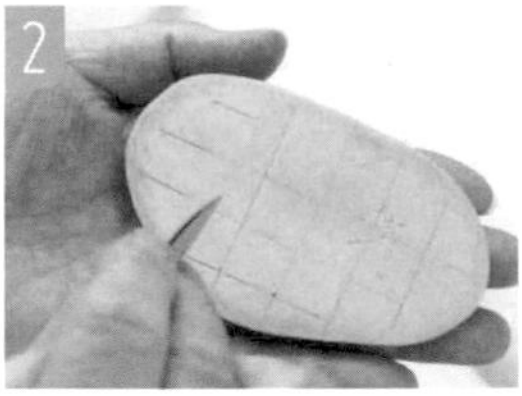

以三片切法處理後，將帶皮果肉劃出格子狀刀痕。

將表皮後方中央處往上推壓，展開刀痕，使果肉自然呈現骰子狀。

b

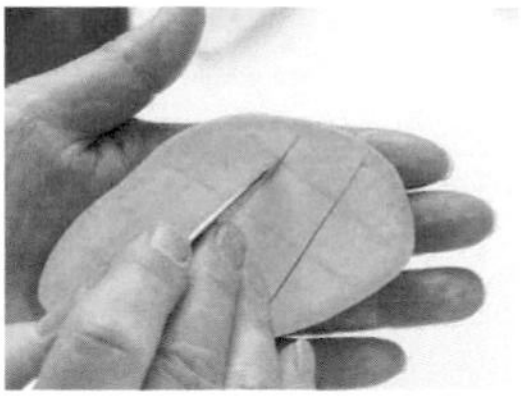

以斜線切劃格子也OK。

由於果肉部分少，
需要下點功夫來營造分量感。

四分之一切雕

a

1

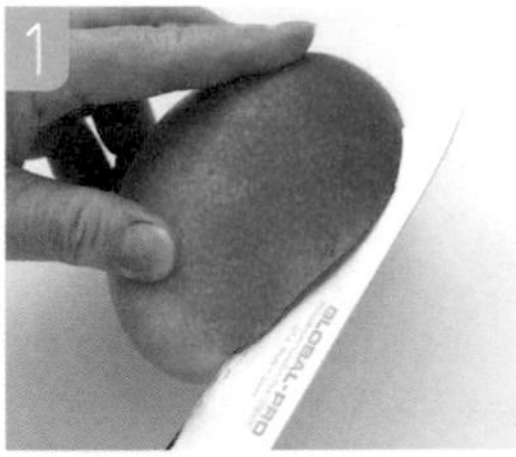

先以與果核平坦面垂直的方向，取中央下刀切至果核，再從側面沿著果核平坦面方向水平切開。

2

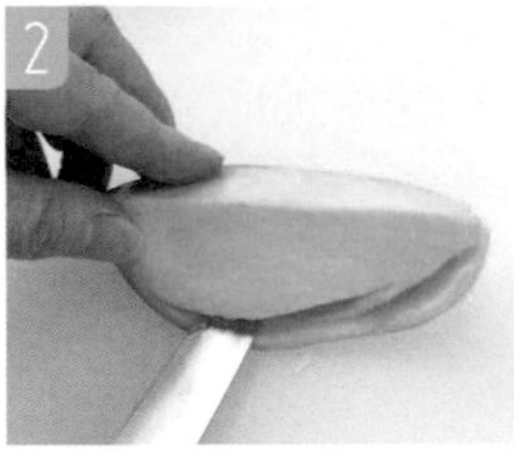

切出1/4片＆去皮。

3

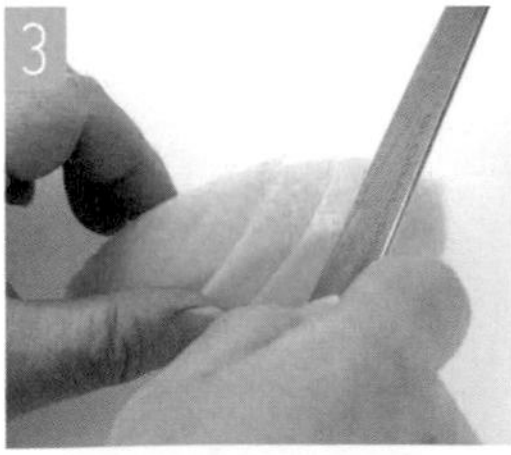

將果肉片切成容易入口的大小，擺放在1的切口處。

芒果花果盅

b

1

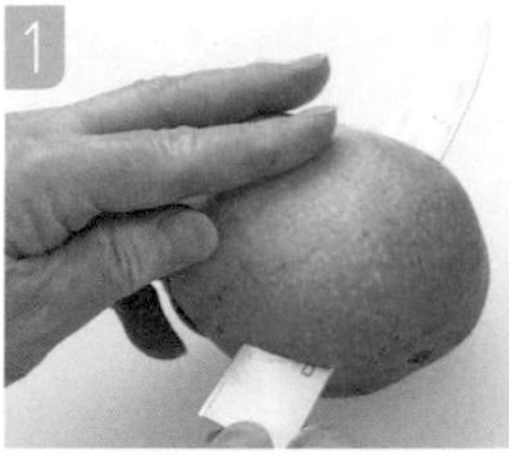

採用三片切法。

2

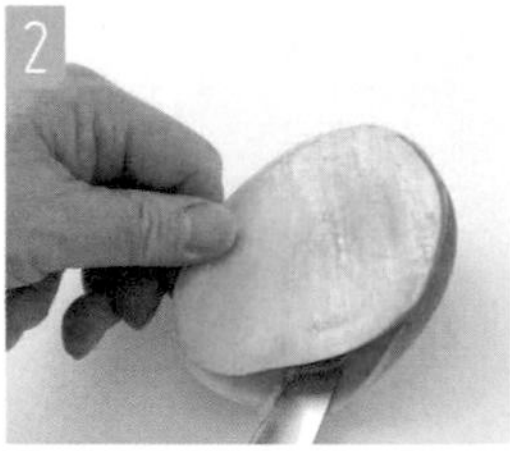

以專業去皮刀順著表皮的圓弧運刀，切取果肉。

3

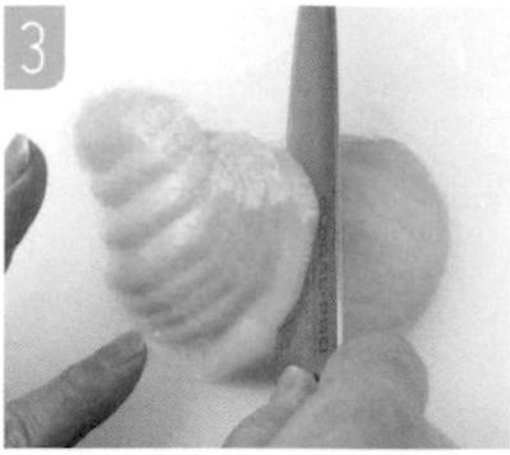

將果肉斜切成薄片狀。

4

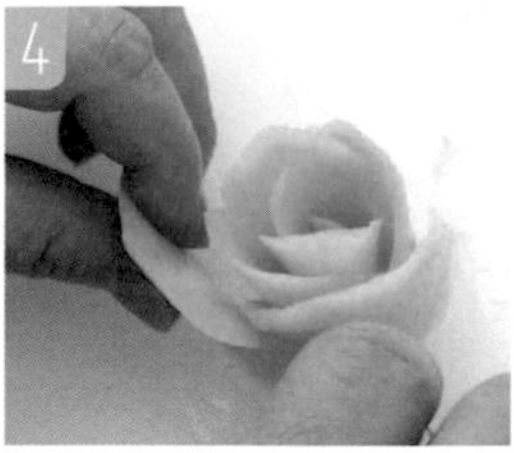

果肉配置成玫瑰花的形狀，盛放在表皮盅內。

芒果盅

a

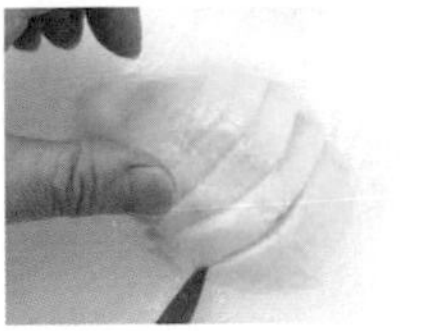

將果肉切成薄片，盛放在表皮盅內，並以萊姆加以點綴。

b

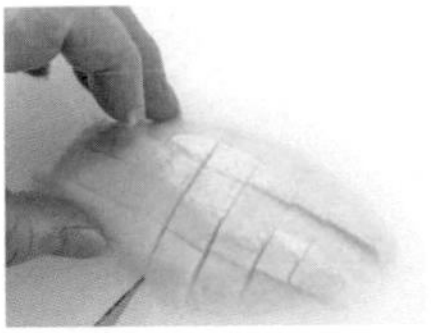

將果肉切成容易入口的大小，盛放在表皮盅內。

c

將果肉切成三角塊，盛放在表皮盅內，並以萊姆加以點綴。

芒果花切雕

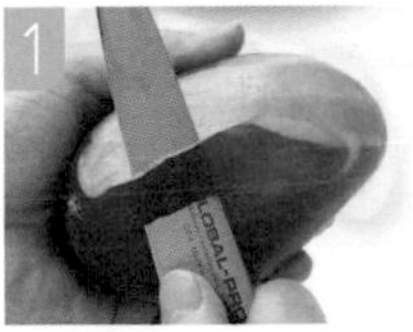

以刀削去表皮。

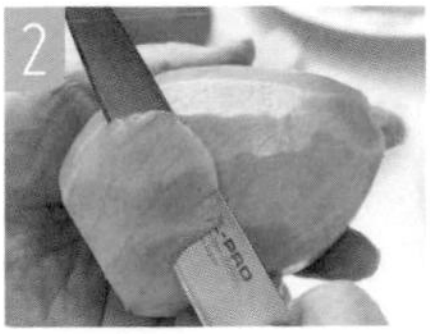

由下往上，將果肉劃開，呈現花瓣的效果。

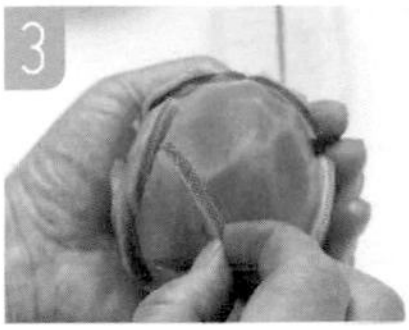

將萊姆薄片插入刀痕處。

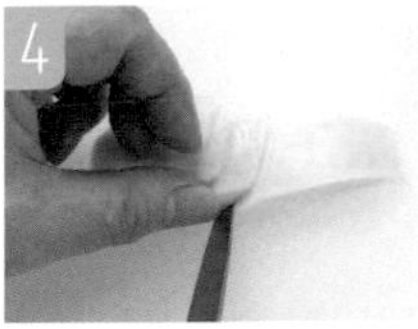

另取芒果切片，配置在芒果花周圍進行點綴。

香蕉

香蕉進口到日本多半是作生食用途，一般而言是直接剝皮食用，但活用表皮的風貌進行擺盤也別有特色。由於果肉容易褐變，因此切雕應保持在最小限度，並在即將食用之前再進行切雕，以保持最佳的美觀度。請試著善用表皮的風韻，設計出賞心悅目的擺盤吧！

DATA:

產期 1 2 3 4 5 6 7 8 9 10 11 12　全年（菲律賓・厄瓜多・台灣產）　7至10月（日本產）

挑選方式＆品嚐時機

果梗結實無損傷，大小一致，果形弧度大且圓為佳。稜角不分明，黃色遍佈整體，冒出黑色甜斑（sugar spot）時即可享用。

熱量（食用部位每100g）

86kcal

品種

香芽蕉（Cavendish，亦稱菲律賓香蕉）、北蕉（台灣香蕉）、仙人蕉（台灣香蕉）、大米七香蕉（Gros Michel，厄瓜多香蕉）。其他還有貢蕉（Monkey Banana，別名Senorita）、紅蕉（Red Banana，Morade）等。

保存方式

將一串香蕉分切成單根，擺放在通風良好的場所催熟。冷藏時將一根根香蕉放入塑膠袋中，保溫於13℃。

甜度分布圖

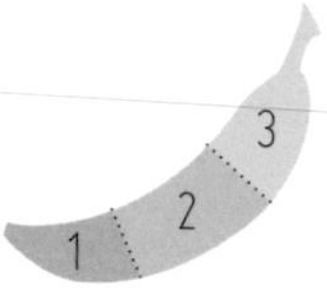

abd共通

1
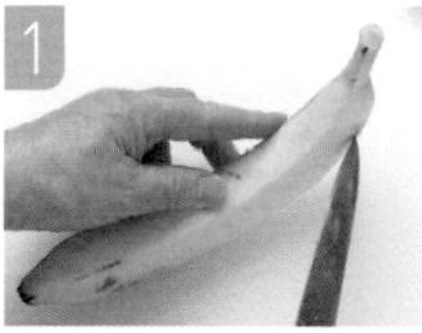

以刀尖沿著果棱劃開表皮。

2
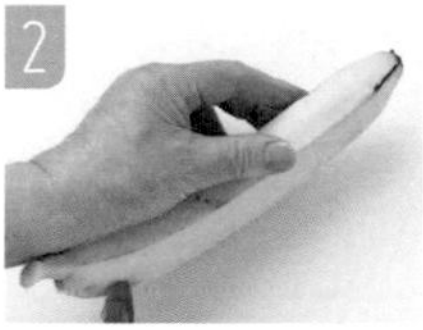

另一側也採用相同作法。

3
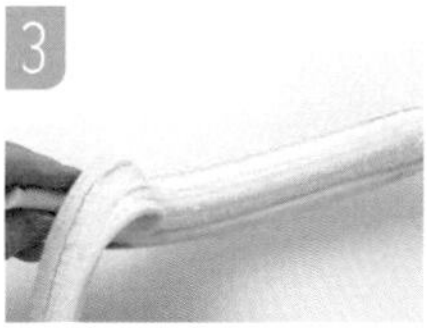

繞切表皮一圈，保留果梗端。

4
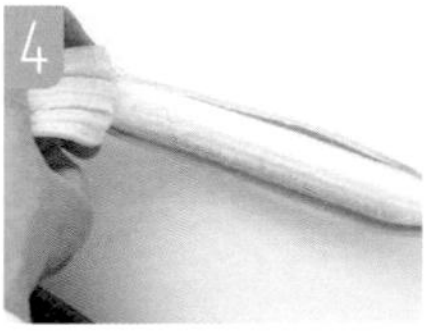

翻開表皮。

a
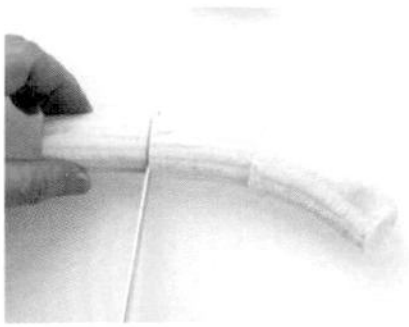

取出果肉切成容易食用的大小，再放回表皮內。

b
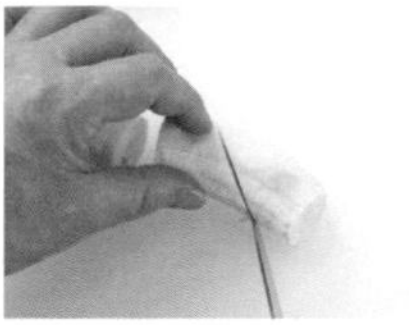

斜切果肉，再放回表皮內。

交叉分切

c 1
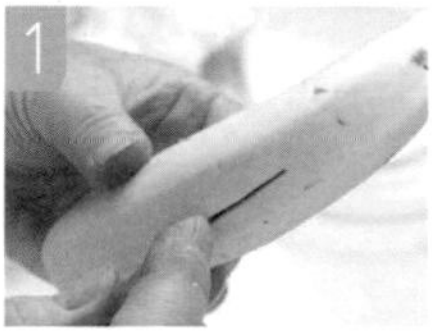

以刀刺穿中央處。

2

劃出長5至6cm的刀痕。

3
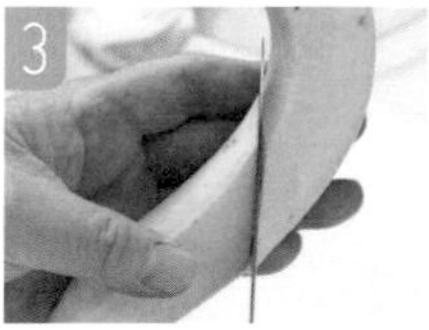

由中央斜切一道深及1的刀痕。再翻至另一側，重複2＆以相同角度斜切至刀痕處。

d
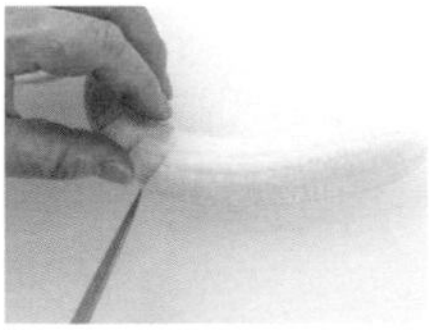

將果肉切片後，放回表皮內。

將漂亮的表皮當作擺盤器皿，
展現新鮮度。

V字切雕

e

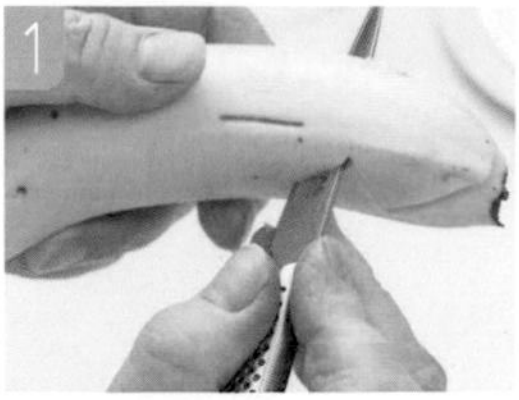

以V字刺穿整體。

以手扶住香蕉的同時，小心翼翼地進行刺穿。

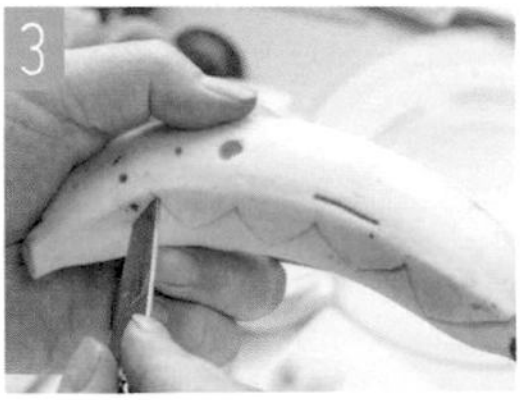

依序刺穿至尾端。

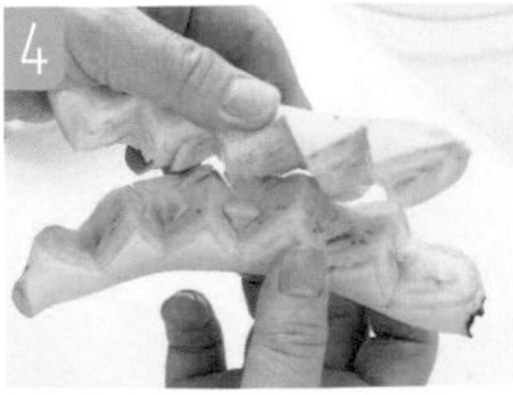

將香蕉上下分離，呈現出漂亮的V字切面。

香蕉盅

f

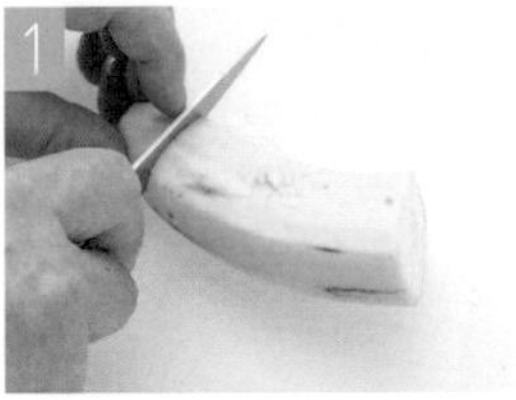

將香蕉對半切二等分，並切去些許末端。

刀尖沿著果棱切劃表皮。

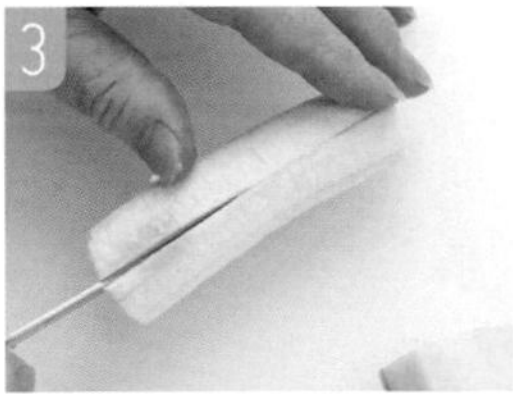

果肉對半切二等分。

再次縱向對半切果肉，然後放回表皮內。

香蕉盅

g

將香蕉對半切二等分後，刀尖沿著果棱入刀。

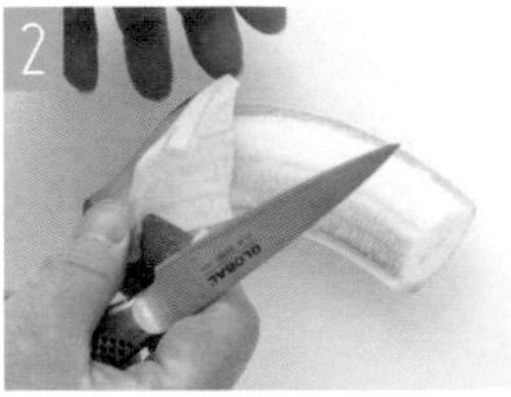

保留果梗端，僅切除表皮。

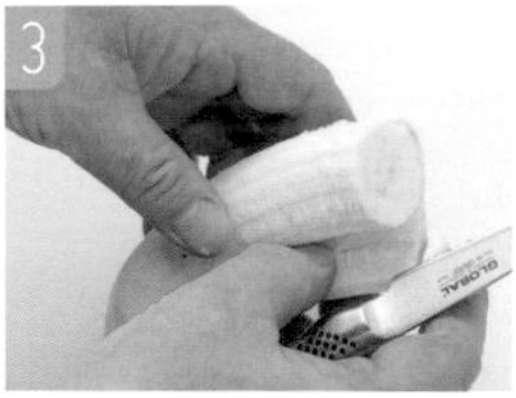

取出果肉。

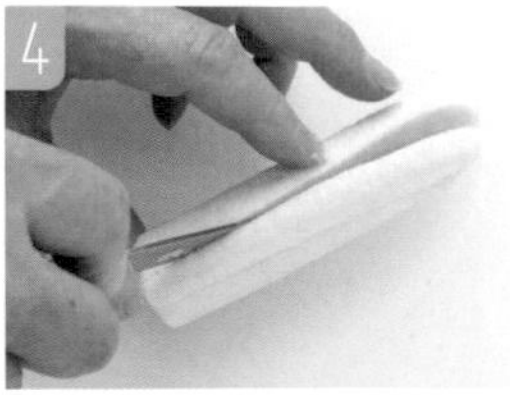

果肉對半切二等分後，放回表皮內。

海豚造型切雕

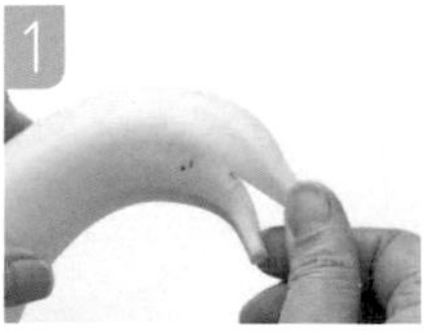

在果梗末端劃開刀痕，
製作嘴巴部位。

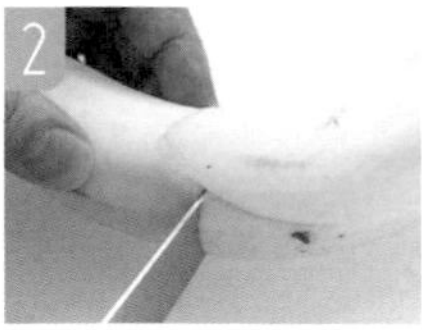

於1/2處左右兩側各
斜切一刀。

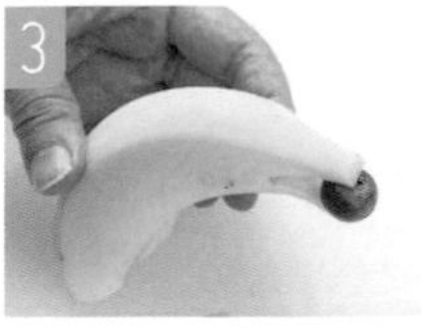

在嘴巴處夾入一顆藍
莓，並配置西瓜籽作
為眼睛。

草莓

市面有許多改良品種。雖然大多可直接食用，但用於裝飾蛋糕與甜點時，必須以方便食用的切法加以處理。鮮豔的色彩極易構成擺盤的視覺焦點，也時常可見保留蒂頭的作法。建議挑選較大顆的草莓進行切雕會更方便處理，鋸齒花切雕則可締造出時尚設計感。

DATA:

產期 1 2 3 4 5 6 7 8 9 10 11 12　12至5月　5至8月（美國產）

挑選方式＆品嚐時機

蒂頭鮮綠，果實帶光澤為佳。當草莓蒂頭周圍紅透，即為完熟的證明。

熱量（食用部位每100g）

34kcal

品種

栃乙女、甘王、幸之香、豊香、章姬、愛莓（AiBerry）、女峰等。

保存方式

保留蒂頭的草莓，以保鮮膜包覆冷藏。待欲食用之際再進行清洗＆摘除蒂頭。作為果汁用途的草莓，冷凍保存亦可。屬非後熟水果，請儘快食用完畢。

甜度分布圖

基本切法

建議挑選大顆草莓較容易切造型。
基本切法為去蒂後切片。

鋸齒花

a

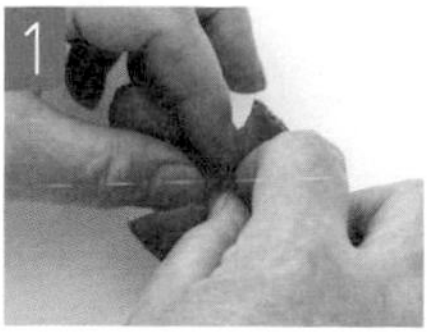

挑選大顆草莓，以刀劃出十字刀痕，再以手指輕輕展開。

另取中等尺寸的草莓以相同作法處理＆擺放在大顆草莓上，最後再以洋香瓜球加以點綴。

e

繞切一圈V字。

切開後就會形成花朵形狀。

心形切雕

b

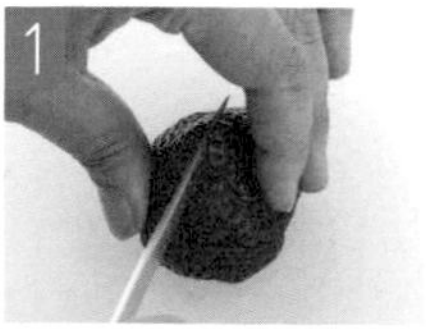

摘除蒂頭，縱向對半切二等分。

在蒂頭處切V字。

切片

d
f

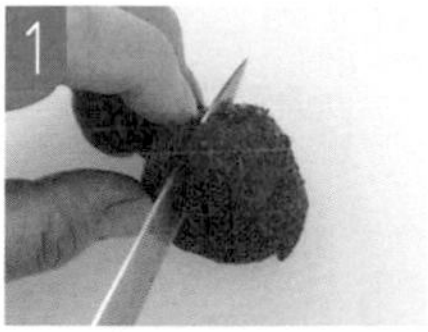

切除蒂頭，縱向切成5至6片。

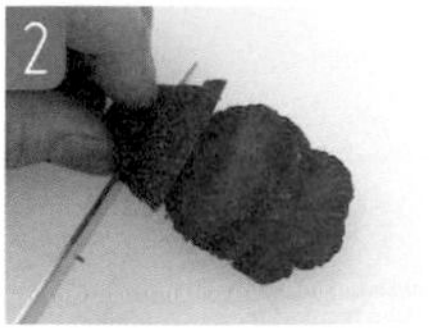

切除蒂頭，橫向切成5至6片。

葉形切雕

h

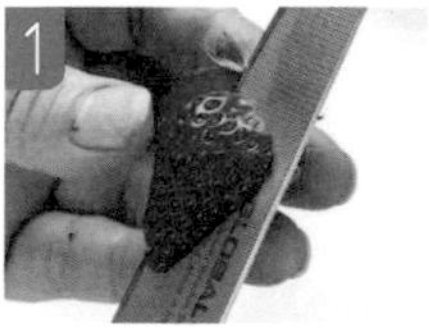

在果肉上切V字。

以相同切法再切兩層。

將切面交錯擺放，呈現出葉子（樹葉）形狀。

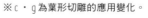

※c・g為葉形切雕的應用變化。

草莓玫瑰花

a
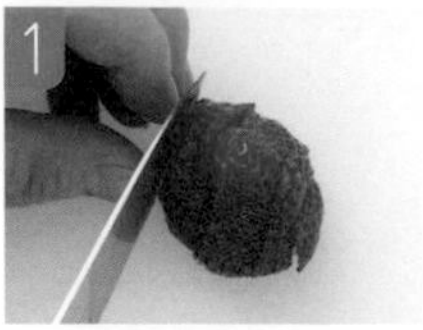

切去蒂頭，縱向切片。

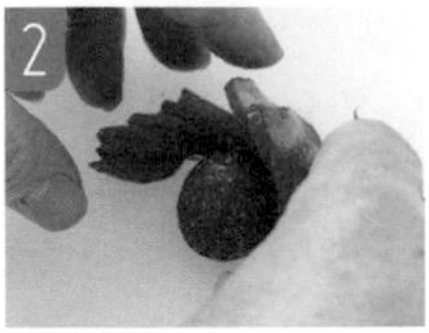

用①的薄片層層環繞單顆草莓，配置成玫瑰花狀。

笑臉造型切雕

b

以刀切取直角塊，作為嘴巴部分。

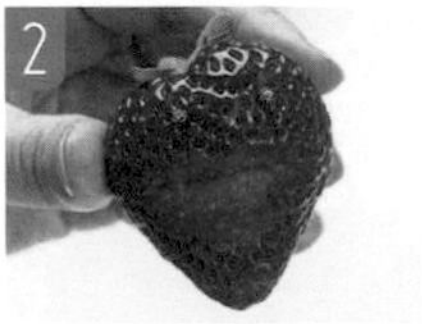

再以葡萄籽作為眼睛，鑲在草莓上。

金魚

將1顆草莓縱向對半切二等分。

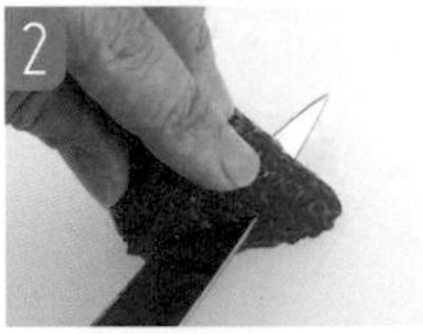

其中一半切取3mm的薄片。

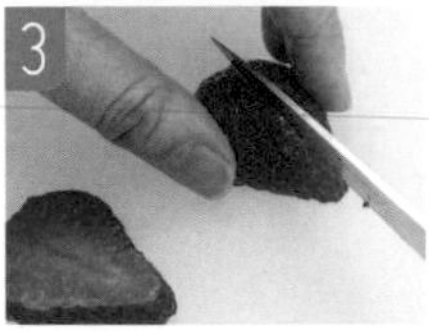

②剩餘的果肉再縱向對半切。

另取一顆草莓，以葉形切雕（p.61）①的作法處理，再與金魚②・③的草莓切塊組合成金魚形狀。擺盤時，以葡萄果肉象徵噗嚕嚕的泡泡，並加上葡萄籽作為眼睛。

花形擺盤

以草莓切片排列而成。將大顆草莓切片放在外側，小顆草莓切片配置在中心即可。若搭配奇異果切片進行擺盤，色彩將更加亮麗。

檸檬・萊姆

檸檬＆萊姆同屬柑橘類水果。帶有清爽而強烈的酸味＆香氣，可應用在料理、甜點等方面，用途非常廣泛。兩者對於主材料的原始風味及甜味均有提味效果。果汁不僅可除臭，還能維持水果原色不變色。與木瓜及酪梨的搭配性極佳。請嘗試各種令人耳目一新的切雕技巧，並樂在其中吧！

DATA:

產期　1 2 3 4 5 6 7 8 9 10 11 12　全年（美國產）　9至12月（日本產）

挑選方式＆品嚐時機

以表皮無損傷、顏色均勻、帶分量感及香味為佳。滋味清爽、酸味出眾且多汁，萊姆的特徵在於獨特的香氣及強烈的酸味。

熱量（食用部位每100g）

54kcal（檸檬）、27kcal（萊姆果汁）

品種

檸檬：里斯本（Lisbon）、優利卡（Eureka）、維拉法蘭卡（Villafranca）等。萊姆：墨西哥萊姆（Mexican lime）、大溪地萊姆（Tahiti lime）。

保存方式

擺放在通風良好且無陽光的陰涼場所，約可保存1周。榨成果汁，或切開的表皮、果肉等，可冷凍保存1個月。

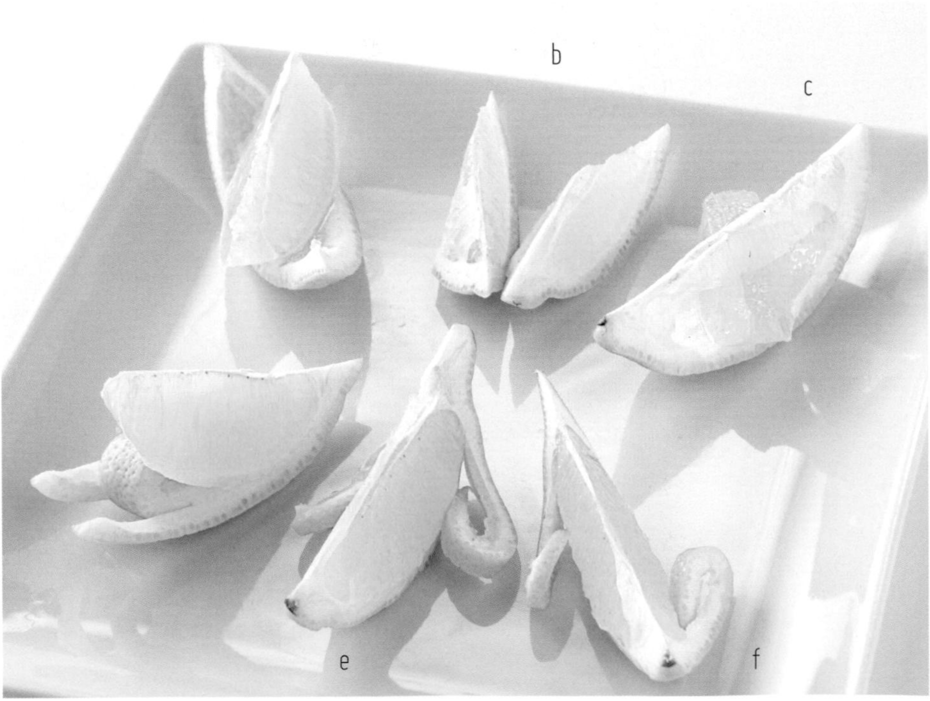

切瓣

a

切八等分後，從表皮和果肉之間入刀，平刀片切去皮。

b

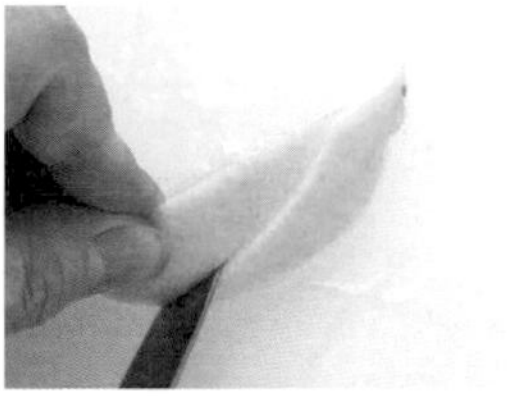

取1/8檸檬斜向對半切。這種切法較利於擠汁。

c

取1/8檸檬，從上方的白色薄皮和果肉之間橫切一刀。

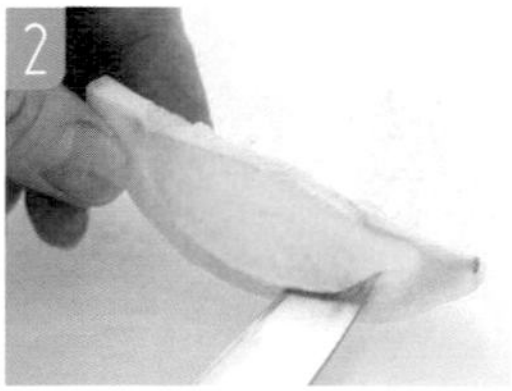

從表皮內側入刀，留兩端不切斷，沿著圓弧切取果肉。

切瓣水果的表皮切雕

d

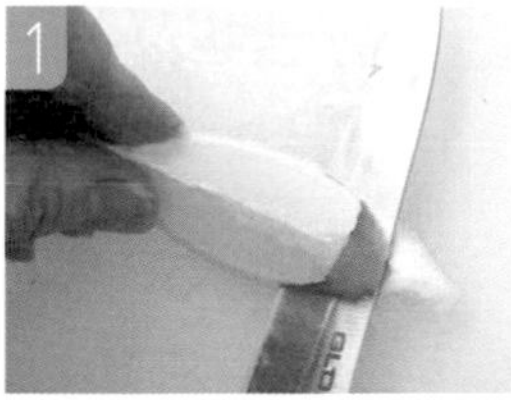

取1/8檸檬，平刀片切表皮至2/3處。

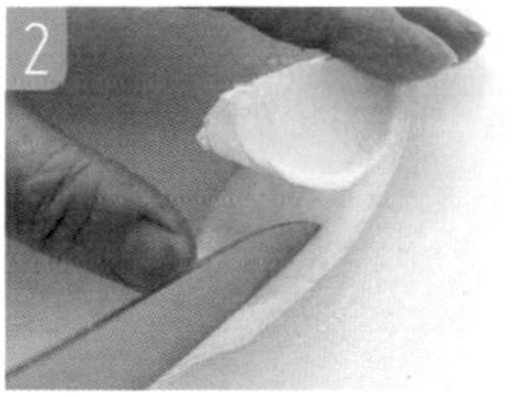

在表皮上劃出兩道刀痕。

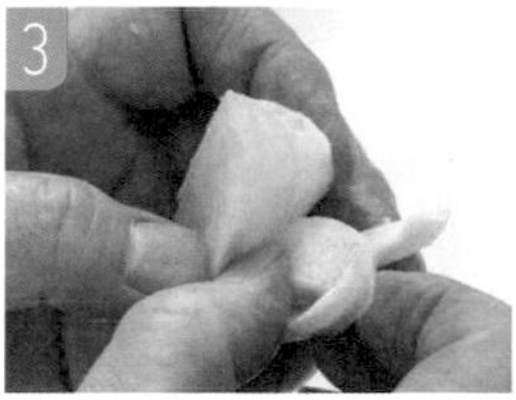

將中央表皮彎摺＆塞入內側。

e

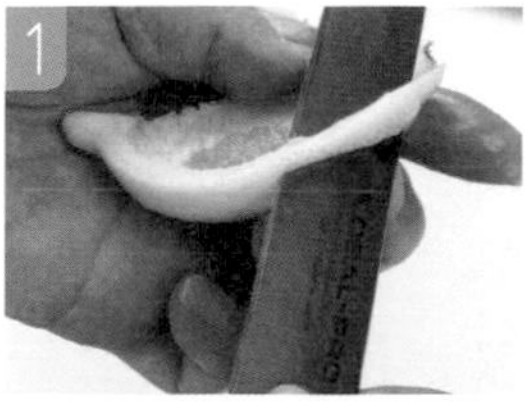

取1/8檸檬，在表皮的單側前削劃一刀。

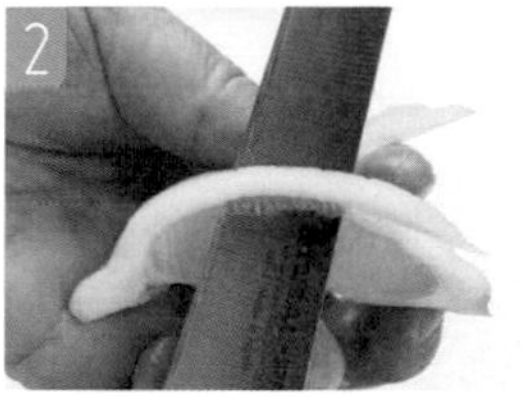

另一側也削劃一刀。再分別將左右側的表皮拗圓，塞入表皮兩側。

f

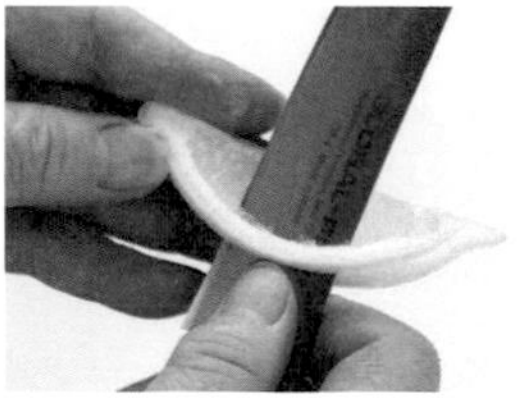

在表皮兩側以反方向削劃一刀，比照e塞入表皮兩側。

memo:

榨汁小技巧

按住整顆檸檬來回滾動，預先鬆弛內部組織可有助於榨汁。使用切瓣水果時，在果肉上劃3至4道刀痕後，手持兩端施力擠壓，藉此張開切面以利榨汁。

蝴蝶造型圓片

a b c e

先將檸檬末端稍微厚切開來。

- a 自切面處起，切薄片。再於薄片中央劃出刀痕，將其扭轉立起。
- b 先取一薄片的厚度切一刀淺劃至中央，再多取一薄片厚度，切下圓片。之後依a作法劃出刀痕＆扭轉立起。
- c 依b作法先淺劃2道刀痕，第3刀再切下圓片。之後依a作法劃出刀痕＆扭轉立起。
- e 將蝴蝶造型的萊姆擺在檸檬薄片上。

花瓣造型圓片

d

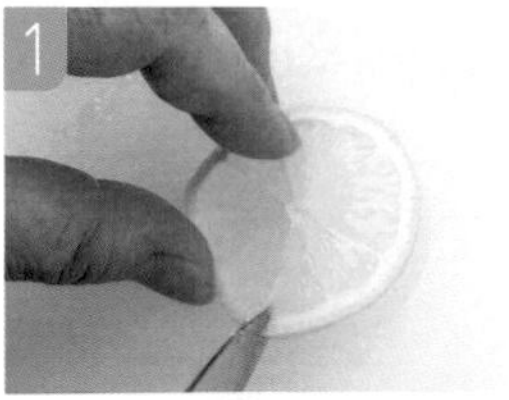

準備檸檬＆萊姆圓片各一片，其中一片劃一刀切至中央，另一片則僅留下上端的表皮不切斷。

將兩片圓片的切面交叉組合，使薄片立起。

圓片切雕

f

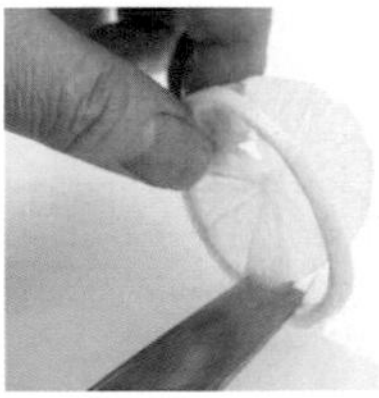

沿著檸檬圓片的表皮繞切一圈，最後保留1cm的果肉不切斷。

雙層圓切片

g

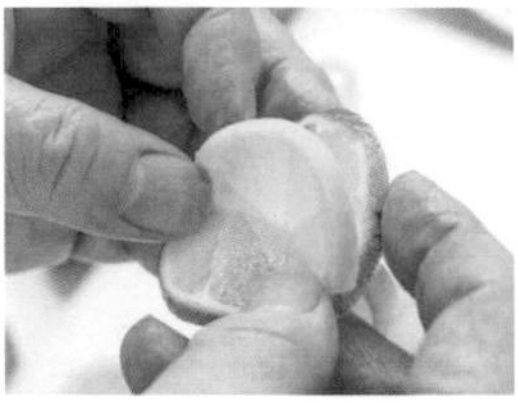

將檸檬＆萊姆圓片各以圓片切雕的作法劃出刀痕，再交錯插入彼此的切口處。

圓片切雕×裝飾結

h

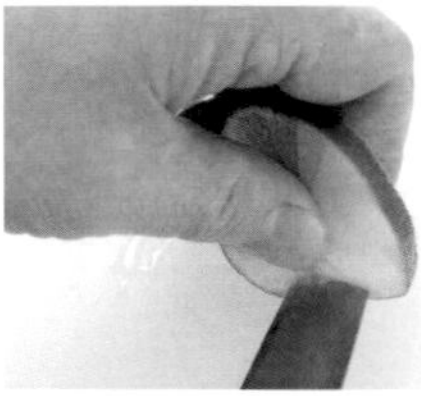

將萊姆圓片沿著表皮繞切一圈，保留1cm不切離，但將表皮圈切斷。再以表皮綁一個裝飾結。

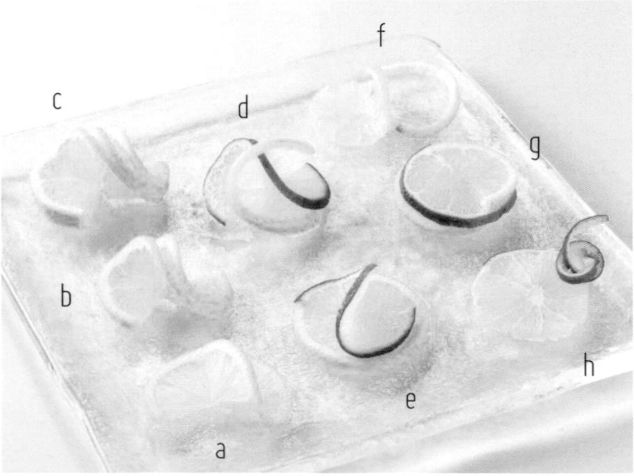

應用切法

變換保留表皮呈現方式＆切法技巧。
可靈活運用於拼盤或調酒等各方面。

檸檬切片擺盤

a

將檸檬切成18片薄片後，進行擺盤。

檸檬提籃

c

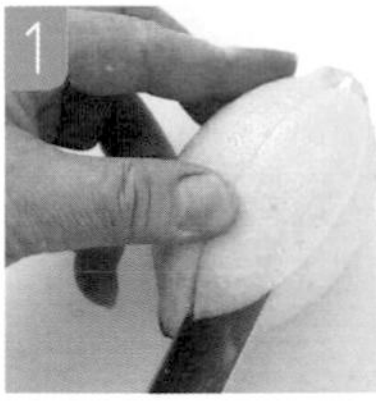

在檸檬上方中央預留1cm的寬度，切掉左右兩側。

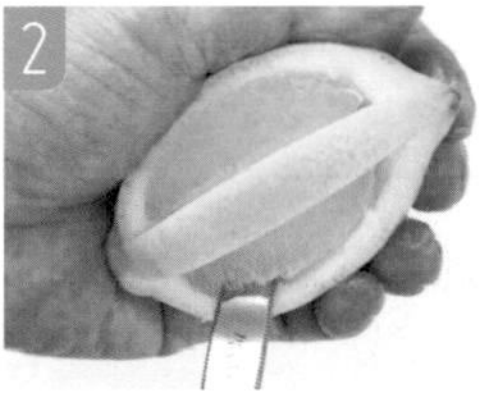

切取中央表皮內側的果肉，作為提把。再以葡萄柚水果刀挖取內側果肉。

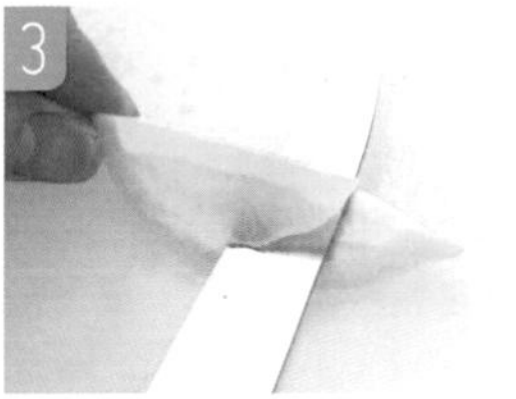

將果肉切成方便入口的大小，盛於在提籃內。

檸檬提籃

b

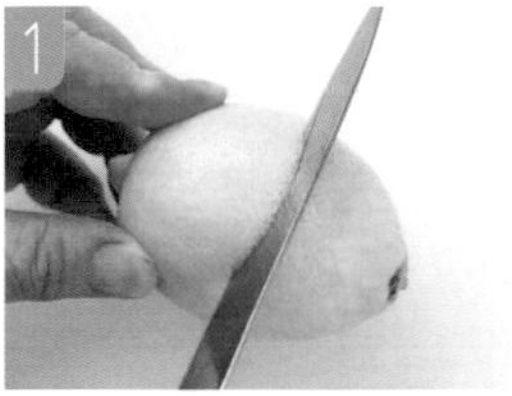

於中央位置切V字。

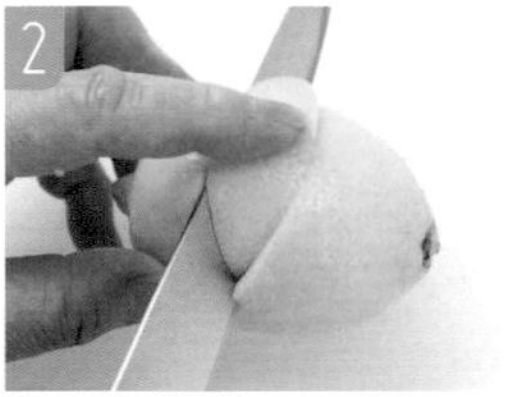

在1的兩側切V字。

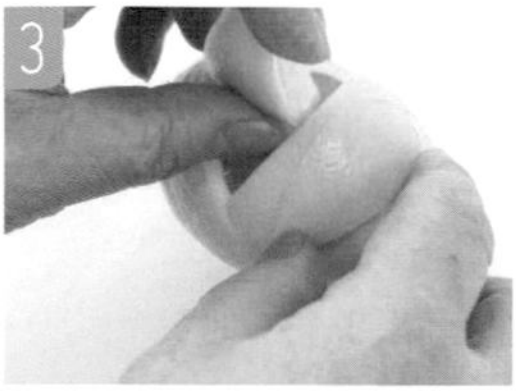

將切下的果塊擺在V字處。

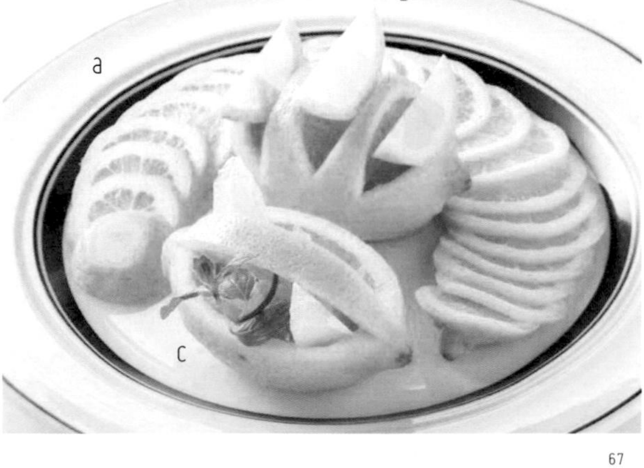

蘋果

蘋果的甜味、酸味、香氣等依品種而異，因此能享受到獨樹一格的風味。由於表皮也富含營養，請勤加練習活用表皮的切雕技巧。葉形切雕 & 天鵝切雕都是相當吸睛的刀工，而對應不同顏色的表皮也有其專屬的切雕技巧。由於切開後的果肉容易變色，請以浸泡鹽水等方式預先處理。

DATA:

產期 1 2 3 4 5 6 7 8 9 10 11 12　10至12月

挑選方式 & 品嚐時機

具分量感、表皮緊實、果實結實，果梗新鮮為佳。

熱量（食用部位每100g）

61kcal

品種

陸奧（Mutsu）、富士、津輕、紅玉、元帥（Delicious）、新大王（Starking Delicious）、惠（Akane）、印度、北斗、王林、世界一、紅龍（Jonagold）、國光等。

保存方式

放入塑膠袋，保存於冰箱蔬果室。由於蘋果會釋放乙烯氣體，與其他水果擺在一起可能會促其催熟，請特別留意。

甜度分布圖

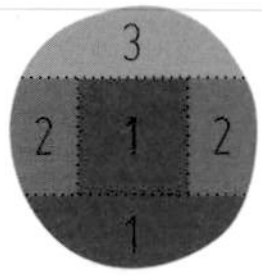

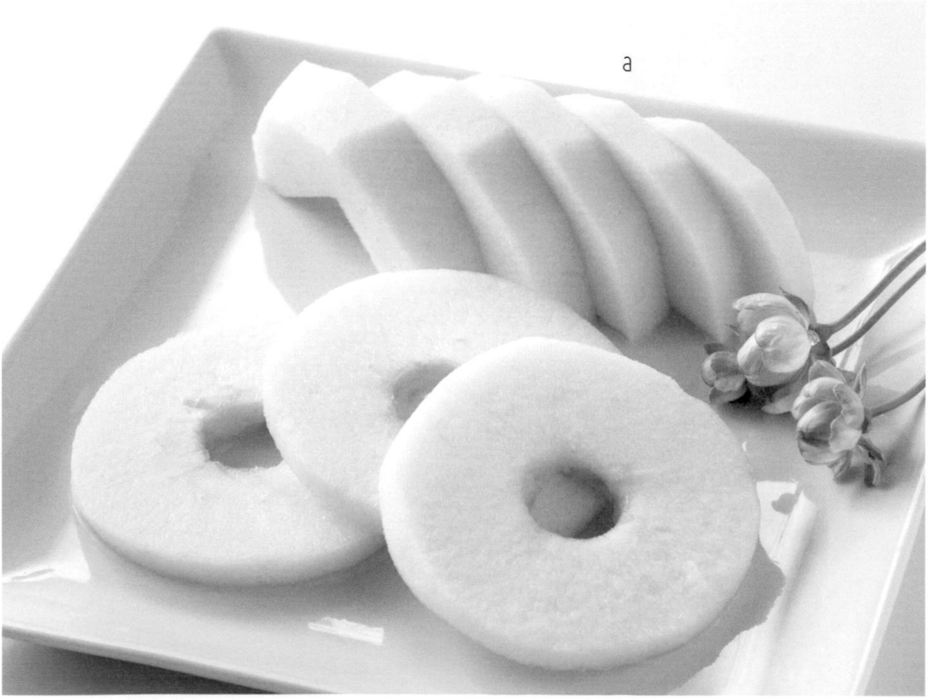

基本切法

由於種籽周圍最甜，因此以能平均分配甜度的切瓣為基礎。

去皮～半圓切片

a

1

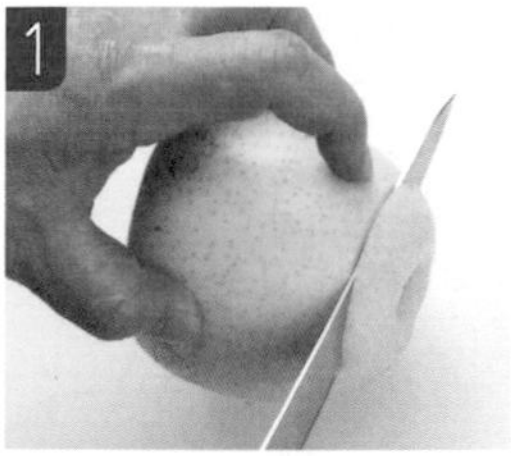

薄切頭尾端的蒂頭＆果臍。

2

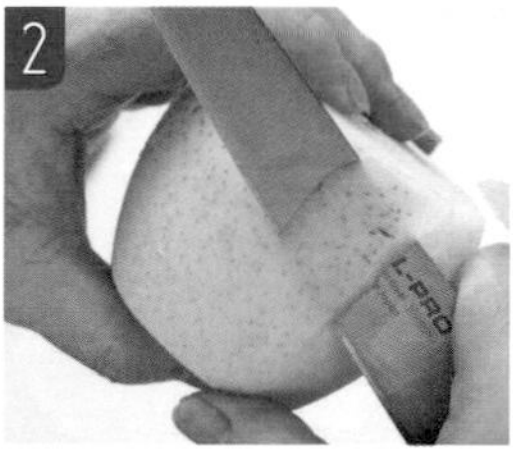

蒂頭端朝上，由上往下薄切表皮。

3

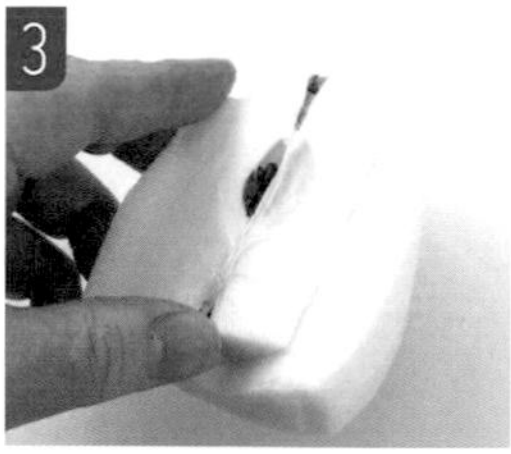

縱向對半切二等分，再將果芯切V字去除。

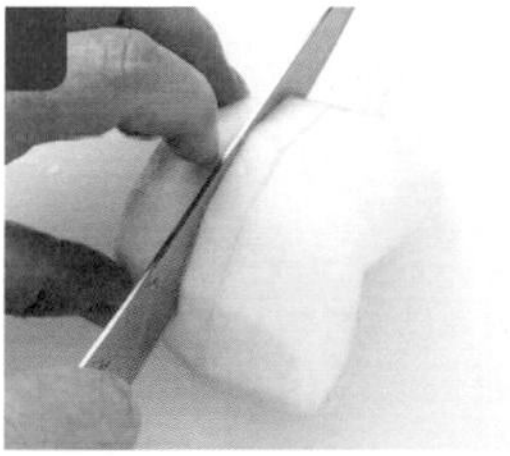

橫放蘋果，切成容易入口大小的半圓切片。

> memo:
>
> **蘋果籽周圍是甜的！？**
>
> 種籽周圍是最甜的部位，因此種籽周圍的果肉最好別切除過多。去芯時可採用V字切法，或以去芯器輕鬆處理。

去皮～圓切片

b

1

從蒂頭端起，轉動蘋果以螺旋狀削皮。

2

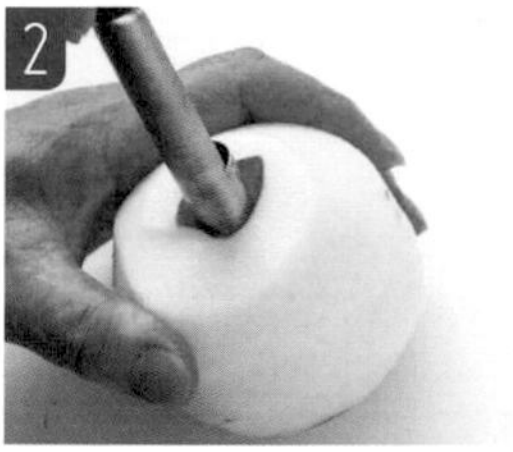

以小型水果去芯器去芯。

3

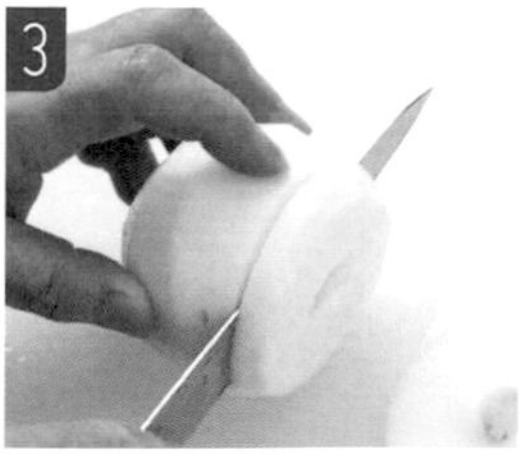

切成容易入口厚度的圓切片。

應用切法

活用表皮的美麗色彩＆硬度，創造出豐富有趣的切雕造型。

切瓣水果的表皮切雕共同作法

a

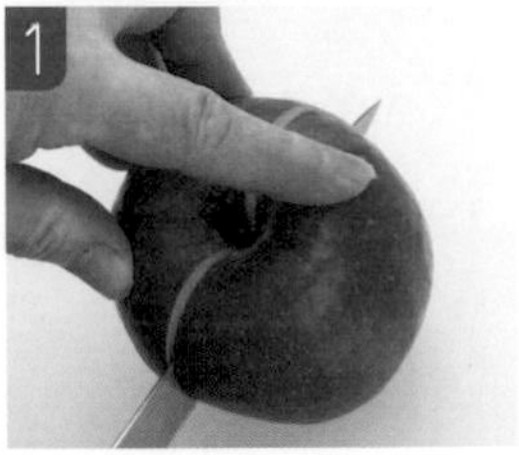

縱向對半切二等分。

切成四等分瓣片狀。

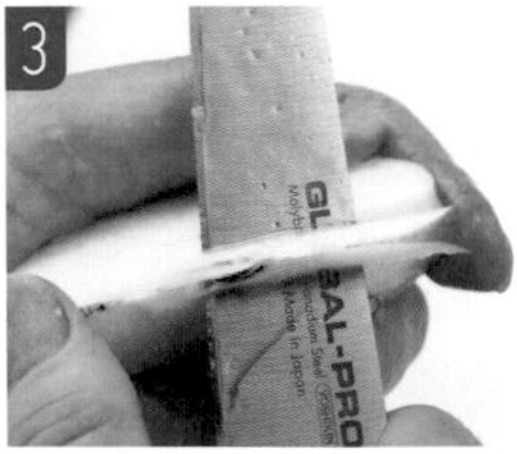

切除芯部。

a-1

以專業去皮刀的刀刃在表皮側淺切V字。

以平刀片切表皮的方式，將V字刀痕處的表皮連同些許果肉一起切除剝離。

a-2 淺切出鋸齒狀刀痕後，平刀片切該處的表皮。

DVD ONLY

a-3 以專業去皮刀在表皮淺切W字。再以平刀片切表皮的方式，將W字刀痕處的表皮連同些許果肉一起切除剝離。

DVD ONLY

a-4 先切大V字，再在另一端的表皮兩側以V字切出鋸齒裝飾。

蘋果船切雕

DVD ONLY

b 以C的切法處理後，僅保留最下層底座不動，其餘果肉自中央切半，左右交錯擺放在底座上，蘋果船就完成了。這是利用1／4片蘋果（或1／6片）切出V字後交錯擺放，是葉形切雕的應用。

葉形切雕

DVD ONLY

c 以切瓣方式切四等分後，以平刀切除芯部，再自表皮側切V字切取果肉。以此相同作法遞次切出由大至小的V字，由再由大至小交錯擺放成葉片狀。

表皮切雕

d

八等分切瓣後，平刀切除芯部，再將表皮切出條紋花樣。

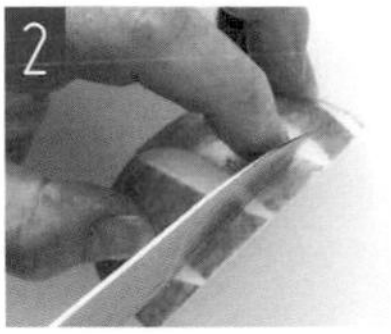

切薄片。

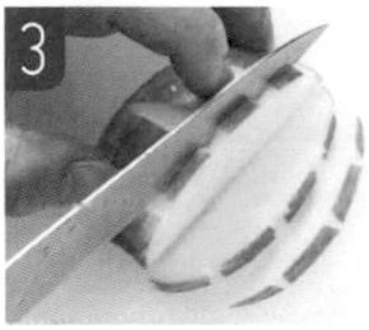

約切7片。

memo:

表皮切雕的注意事項

由於果肉容易在切雕過程中變色，請預先浸泡鹽水處理。待純熟掌握水果刀後，嘗試將表皮切雕出豐富多樣的造型吧！一定可以讓餐桌變得華麗非凡。

花形擺盤

1

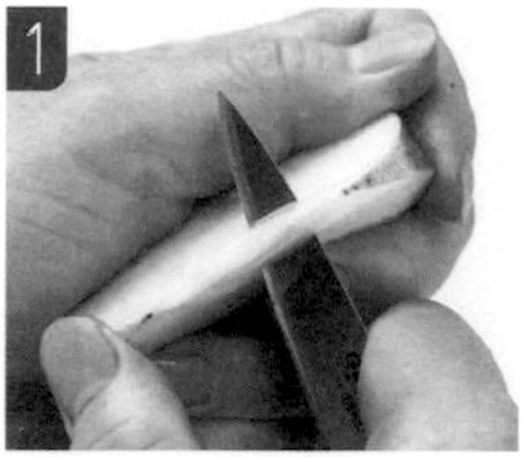

八等分切瓣後，平刀切除芯部。

2

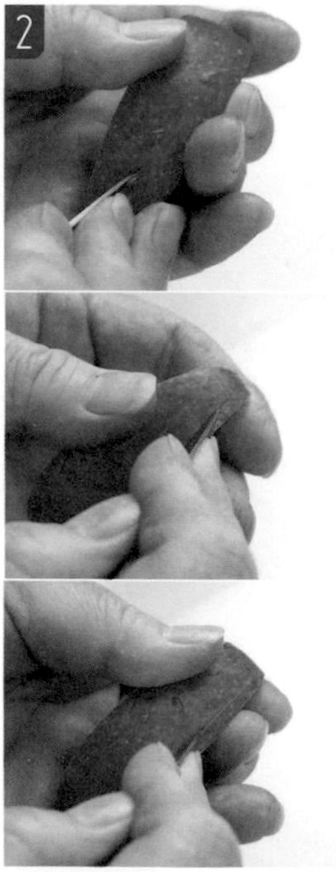

以專業去皮刀在表皮上切雕出花瓣圖案。

3

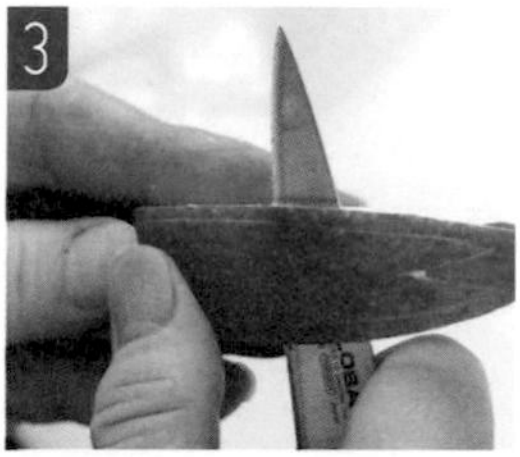

保留末端一小段不切開，順著圓弧片切表皮。

4

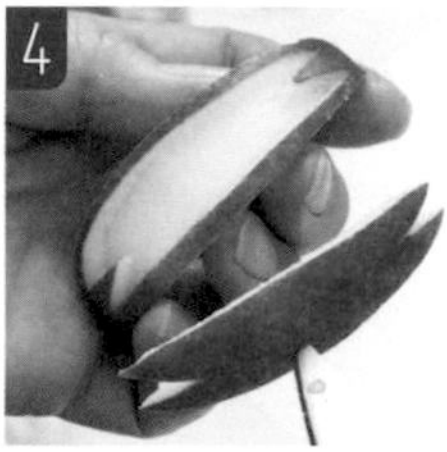

以刀挑起2切雕刀痕內側的表皮。

蘋果天鵝切雕

僅使用單單一顆紅蘋果，居然能化身為如此華麗的天鵝！羽毛＆頭部的造型極講求刀工。葉形切雕（參照P.70）的片數愈多代表刀工愈高超；此外，厚度愈往上層愈薄也是技巧重點。整體而言，良好地協調表皮＆果肉切面露出的視覺平衡，就能完成賞心悅目的作品。

蘋果天鵝切雕

只要改變頭部形狀＆蘋果大小，便能將作品自由賦予天鵝親子、天鵝夫婦等形象。若以漂亮的花朵加以點綴，必定能為派對營造出華麗感！

水蜜桃

去皮方法依成熟度而異。由於果臍端的果肉較甜，基本上多以切瓣的方式進行處理。果肉輕微碰撞就會褐變，因此必須輕柔處理。成熟的水蜜桃富含果汁，所以下刀速度要快。成熟後可以徒手剝皮，但若無法徒手剝皮，以刀處理也ok。

DATA:

產期 1 2 3 4 5 6 **7 8 9** 10 11 12 7至9月

挑選方式＆品嚐時機

挑選時，以形狀左右對稱端正、無壓傷、絨毛均勻且縫合線深者為佳。當青綠色褪去，果色蔓延至蒂頭，且香氣濃郁時即為享用時機。

熱量（食用部位每100g）

40kcal

品種

白鳳、白桃、夕空、黃金桃、油桃（Nectarine）等。

保存方式

擺放在通風良好的場所催熟。因冰鎮過度會導致甜度下降，請待完熟後再放入冰箱冷藏，或於食用前2至3小時短暫冷藏即可。

甜度分布圖

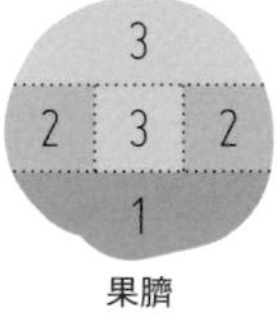

基本切法

完熟的表皮可徒手剝下，若無法徒手剝除則以刀去皮。
由於果肉容易褐變，處理速度為關鍵重點。

去籽&切瓣

a

1

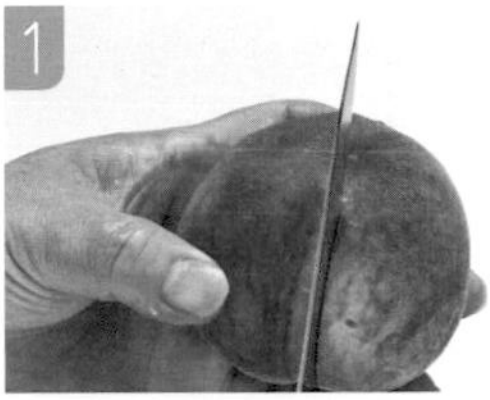

避開中央的紋路（縫合線）切至種籽，繞切一圈。

2

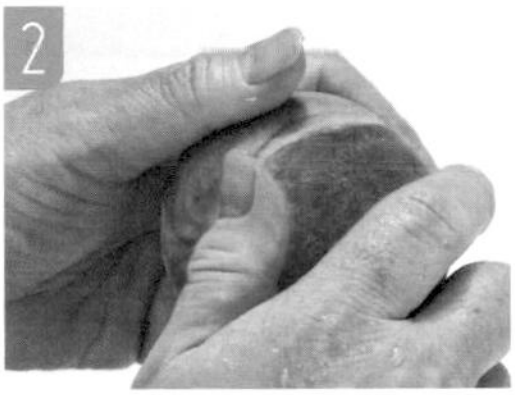

雙手輕柔地將果肉轉開。

3

此時種籽會保留在其中一半果肉中。

4

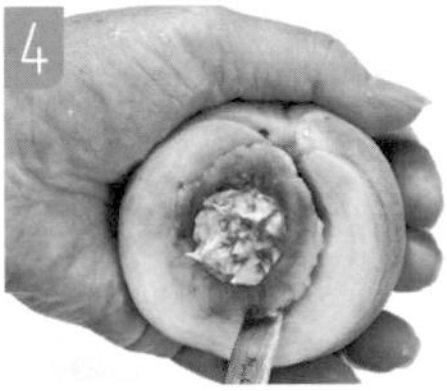

以刀尖挑除種籽。

5

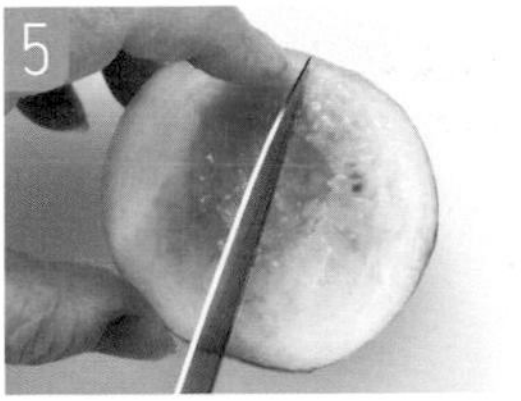

對半切二等分。

6

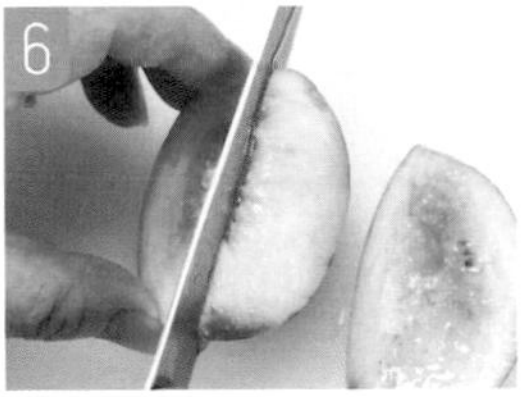

再切成1/4片。

7

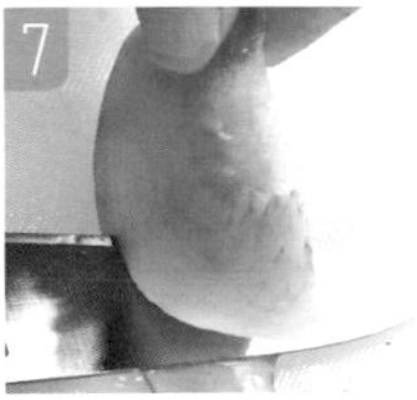

從表皮和果肉之間入刀，平刀片切去皮。

memo:

去籽重點

只要避開縫合線下刀，種籽就會附著於其中一半的果肉中，可輕鬆地去籽。

橫向切片

b

1

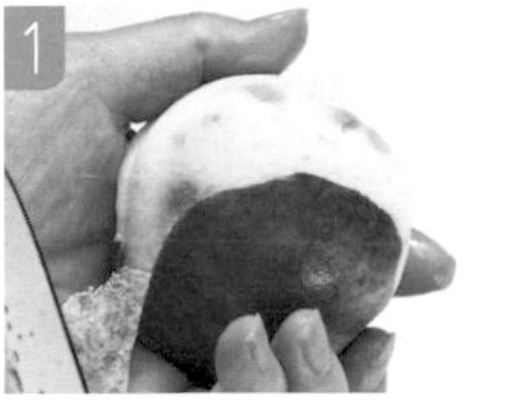

自蒂頭端起，以刀去皮。

2

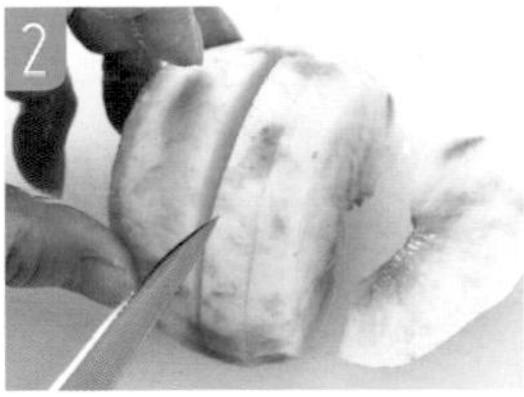

切成容易入口厚度的半圓片狀。

甜點應用

以葡萄柚水果刀插入蒂頭端。

轉一圈挖除種籽，但須注意別刺穿水蜜桃。

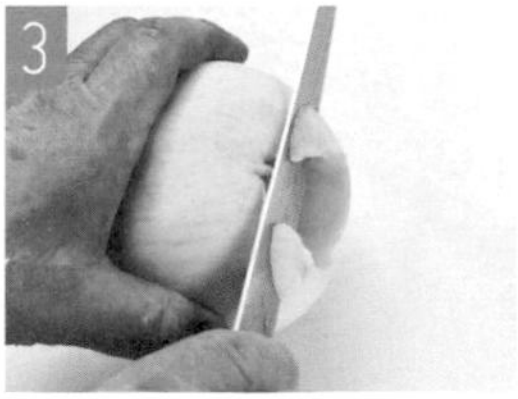

切去少許蒂頭端果肉，修整成平面。

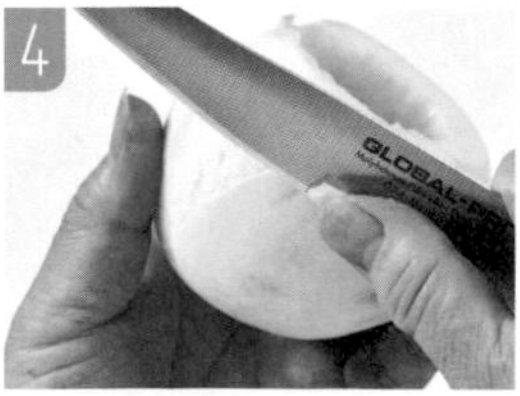

自從蒂頭端起，往下縱向削除表皮。

memo:

去皮重點

為免果肉褐變或碰傷，表皮最好留待最後再剝除。自蒂頭端順著水蜜桃的圓弧形狀進行削皮，便能輕鬆去皮。

甜點應用切雕的驚艷點在於無籽的處理技巧。在挖空處放入冰淇淋和雪酪，一道水果甜點就輕鬆完成了！

梨子（日本梨）

日本梨大致分成長十郎的紅梨系、二十世紀的青梨系及介於兩者之間的幸水，共三大種類。果臍端（底部）普遍較甜，紅梨系的皮偏厚，青梨系則是薄皮。果肉會從切面產生褐變，所以處理速度要快。去皮時，由於表皮附近的果肉較甜，請儘量一口氣薄切表皮，使切面平滑。

DATA:

產期 1 2 3 4 5 6 7 **8** **9** 10 11 12 8至9月

挑選方式＆品嚐時機

表皮緊實、堅硬，重量扎實，左右對稱形狀勻稱，果臍凹陷且中等大小為佳。屬於非後熟水果。

熱量（食用部位每100g）

43kcal

品種

長十郎、幸水、新水、新高、豐水、二十世紀等。

保存方式

由於水分佔80%以上，建議裝入塑膠袋冷藏。屬非後熟水果，請儘早食用完畢。

甜度分布圖

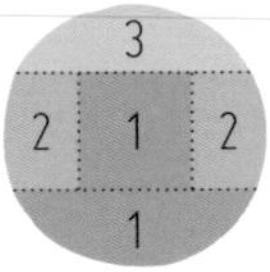

基本切法

由於靠近表皮的果肉較甜，去皮時儘量薄削。
並藉由一氣呵成的削皮刀工，使切面平滑誘人吧！

圓切片

a

1
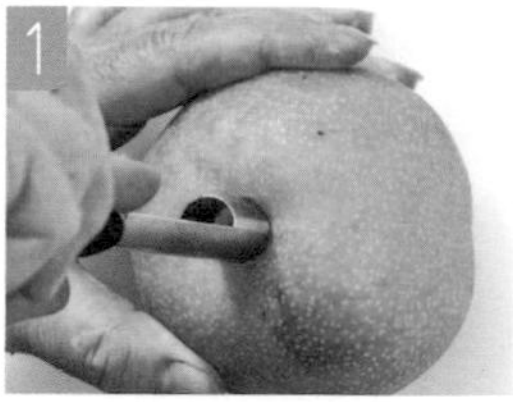
以去芯器去芯＆種籽。

2
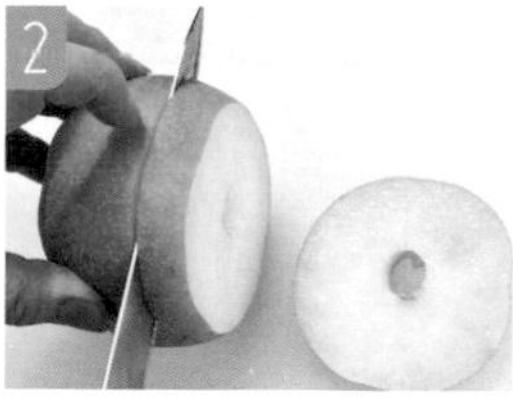
切成圓片。

3
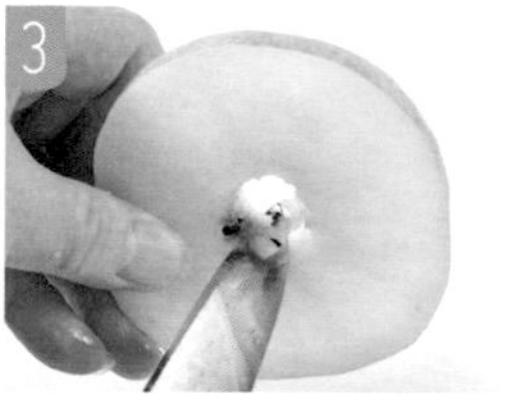
剔除殘留的芯＆種籽。

4

從表皮和果肉之間入刀，繞切一圈去皮。

半圓切片

b

1
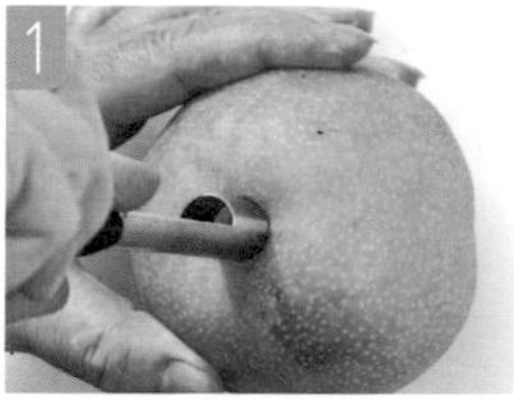
以去芯器去芯＆種籽。

2
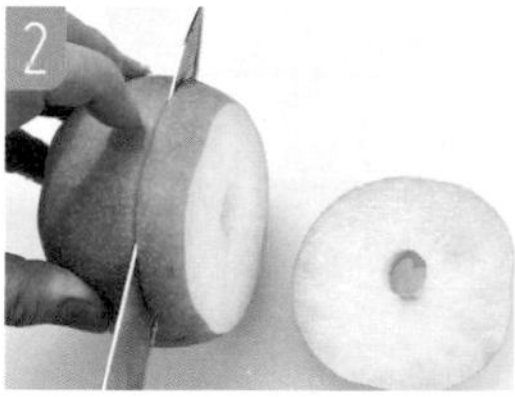
切成圓片。

3
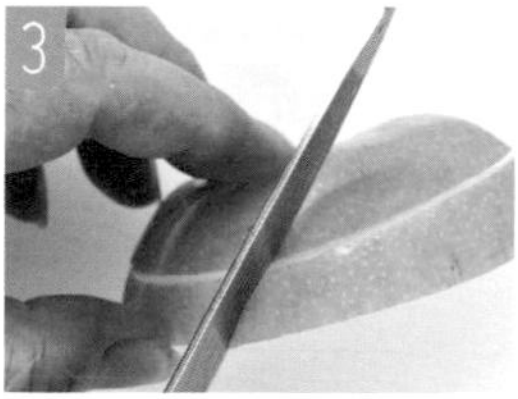
對半切成半圓片狀後，在表皮上斜劃一刀。

4
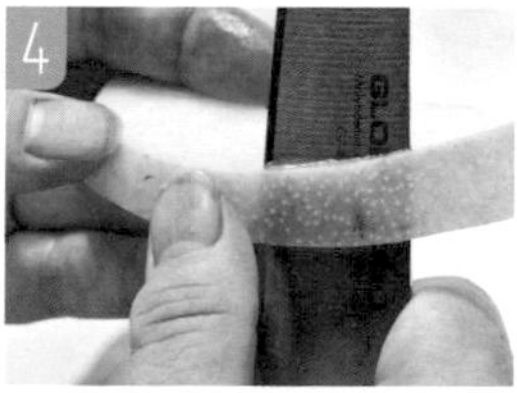
平刀片切表皮至刀痕處，削去表皮。

memo:

去芯方法①

一鼓作氣地用力推入去芯器，去除芯部＆種籽。

memo:

保留些許表皮較方便食用

切片水果亦可保留部分表皮，方便拿在手上享用。

三角切塊

c 1

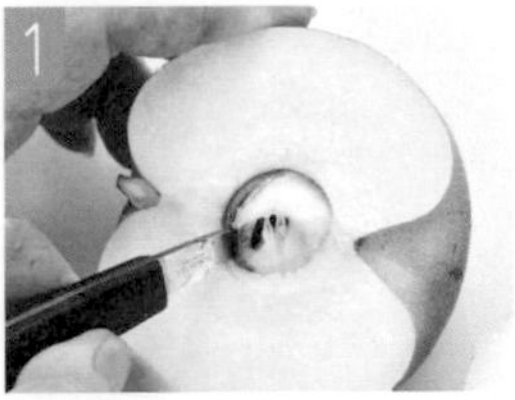

縱向對半切二等分後，以去芯器去除芯部＆種籽。

2

以刀切除殘留的芯部。

3

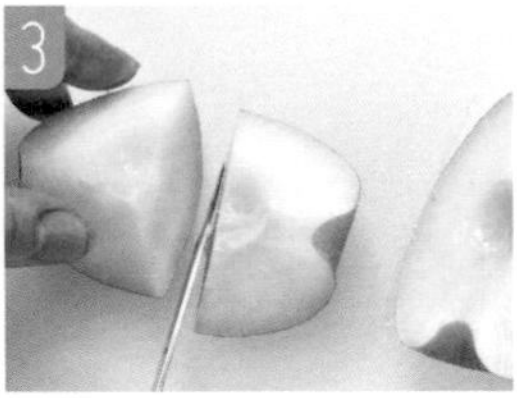

先縱向對半切，再橫向對半一切為二（三角塊）。

4

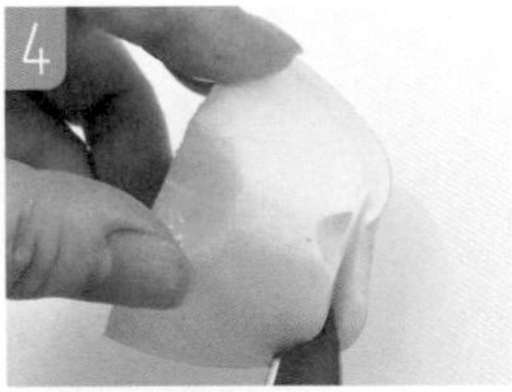

從表皮和果肉之間入刀，依次順著三個邊角慢慢地平刀片切去皮。

切瓣

d 1

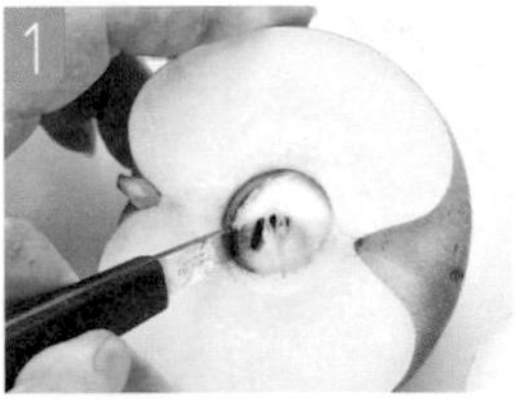

縱向對半切二等分後，以去芯器去除芯部＆種籽。

2

以刀切除殘留的芯部。

3

完成八等分切瓣。

4

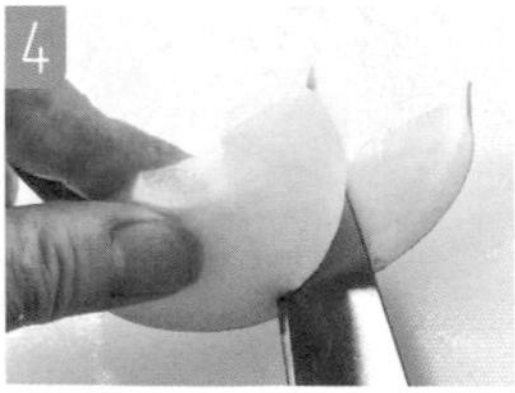

從表皮和果肉之間入刀，平刀片切去皮。

memo:

去芯方法②

縱向對半切二等分，再以去芯器去除芯部＆種籽，就能形成漂亮的圓弧切口。

日本梨＆柿子的水果拼盤

特選相同產期的兩種水果布置季節果盤。水梨將柿子的色彩襯托得更加顯眼奪目。

三角切塊＆切瓣

梨子（西洋梨）

法蘭西梨（Le Lectier La France）是常見的季節水果。西洋梨的果肉比日本梨柔軟纖細，處理時務必格外仔細。但由於果肉會隨時間褐變，也請儘量加快處理速度。無論是花瓶造型切雕或薄切片，保留部分表皮就能達到增色＆聚焦的效果。為了鎖住獨特的香氣，請務必落實簡潔＆快速的兩大刀工訣竅。

DATA:

產期 1 2 3 4 5 6 7 8 9 10 11 12 11至12月

挑選方式＆品嚐時機

整體呈現柔軟狀態為佳。當散發誘人的香氣，且表皮變色時即為享用時機。

熱量（食用部位每100g）

54kcal

品種

八特利（Bartlett）、法蘭西（Le Lectier La France）、Marguerite Marilla、Aurora等。

保存方式

存放於常溫環境，自然催熟。

甜度分布圖

a

b

切瓣

a

1

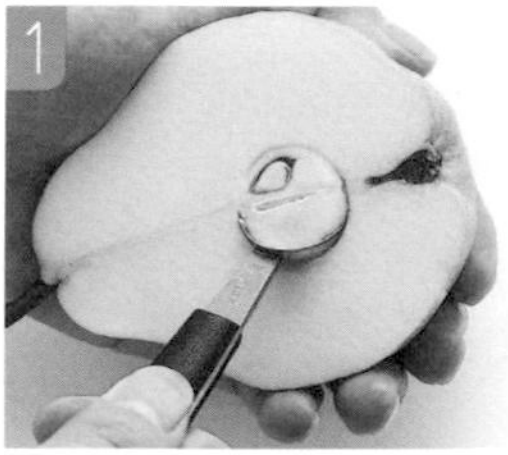

縱向對半切二等分，再以去芯器去除芯部＆種籽。

2

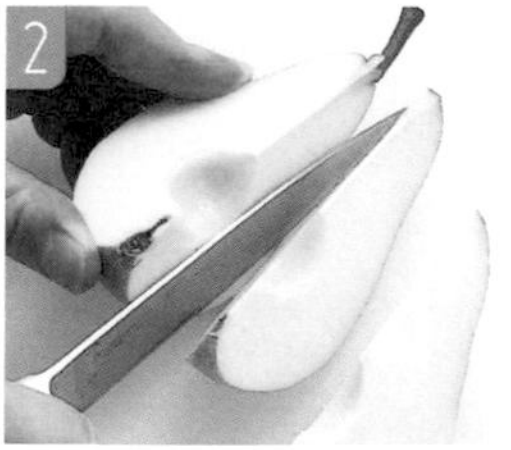

縱向切四等分後，再切成1/8瓣片狀。

3

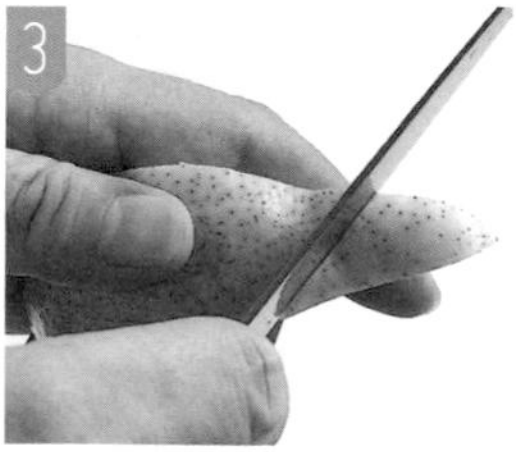

於內凹處的表皮上斜劃一刀。

4

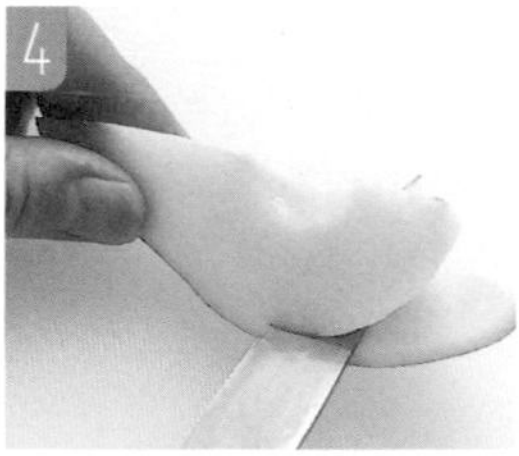

從表皮和果肉之間入刀，從果臍端平刀片切表皮。

5

片切至斜向刀痕處，切取表皮。擺盤時，亦可將切下的表皮稍微上下錯開地擺放在切瓣水果上（參見a的上方作品圖）。

花瓶造型切雕

b

1

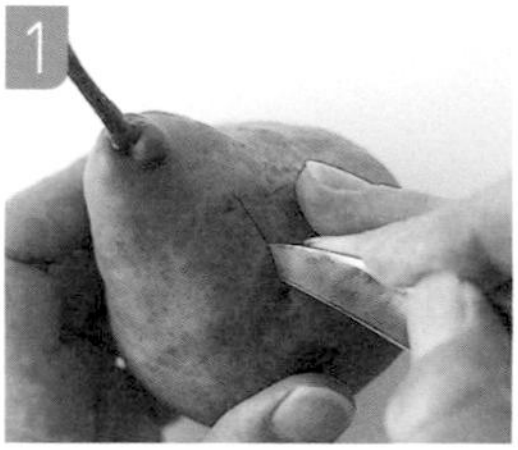

在蒂頭內凹處的表皮上劃一圈U字刀痕。

2

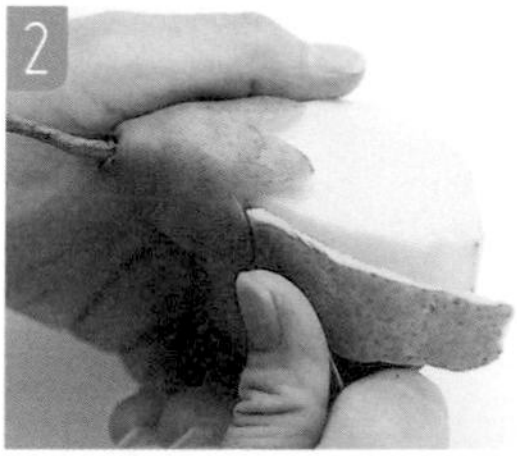

自果臍端入刀，平刀片切至刀痕處，切取表皮。

3

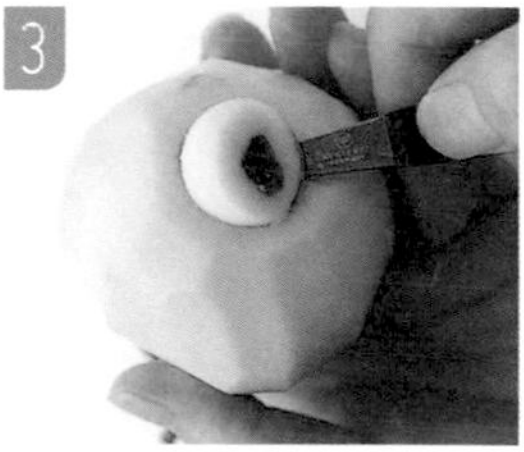

自果臍端挖除芯部＆種籽。

4

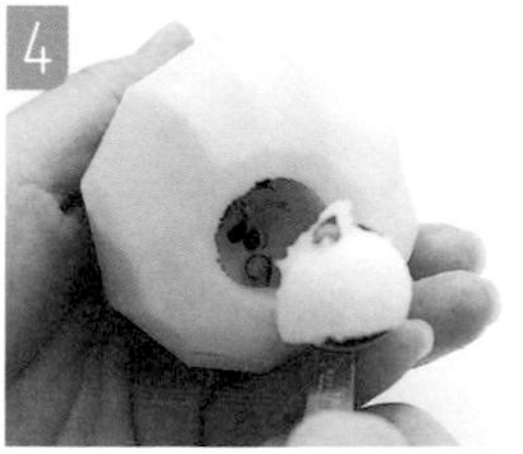

果刀插入至中央種籽位置，旋轉2至3圈，將種籽盡數挖除。

切片

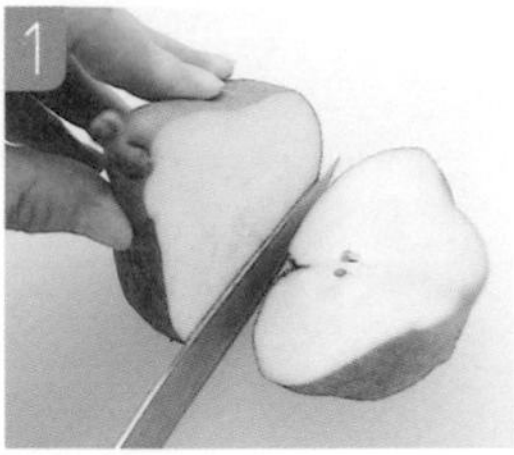

縱向對半切二等分。

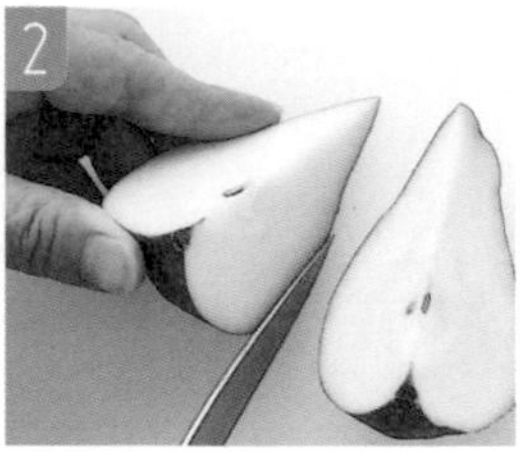

再次對切成1/4瓣狀。

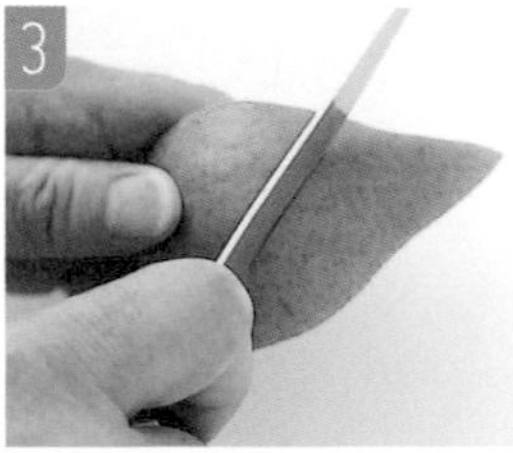

切除芯部＆種籽後，在表皮斜劃一刀。

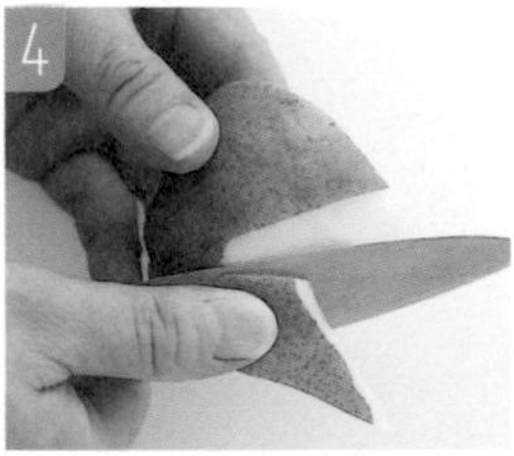

平刀片切斜刀痕以下的表皮。

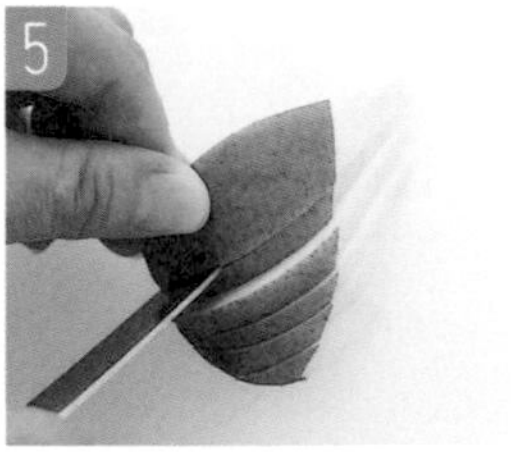

順著切瓣的形狀切薄片。

將切面稍微錯開，擺放成扇形。

memo:

花瓶造型切雕的應用變化

於蒂頭內凹處的表皮上劃U字或V字刀痕。由於果肉柔軟，下刀時請特別注意。擺盤時也可搭配葡萄等水果詮釋季節感。

西洋梨的
花瓶造型切雕＆切片擺盤

將活用西洋梨優美姿態的花瓶造型切雕配置於中央，周圍圍繞西洋梨切片的水果拼盤。保留些許表皮不僅豐富了視覺之美＆營造出分量感，還能享受西洋梨的獨特香氣。

柿子

果臍端的甜度最高，愈靠近蒂頭甜度愈低，因此以能平均分配甜度的切瓣為基本處理方式。目前市面上也有無籽品種可供選擇。柿子經常被製作成柿干或柿子果醬，是日本自古以來相當熟悉的水果。如右頁示範作品般，將表皮以螺旋狀去皮後，再圍成果盅狀也很有趣喔！

DATA:

產期 1 2 3 4 5 6 7 8 **9 10 11** 12 9至11月

挑選方式＆品嚐時機

蒂頭為綠色且形狀完整，表皮緊實且帶光澤，蒂頭未脫落，整體為深橘紅色帶有重量感為佳。

熱量（食用部位每100g）

60kcal

品種

富有（Fuyu）、次郎、西村早生（Nishi murawase）、筆柿、平核無（Hiratane nashi）、刀根早生（Tonewase）等。

保存方式

由於柿子是透過蒂頭呼吸，所以保存時要預防蒂頭乾枯，請裝入塑膠袋內再放入冰箱蔬果室冷藏。儘量於2至3日內食用完畢。

甜度分布圖

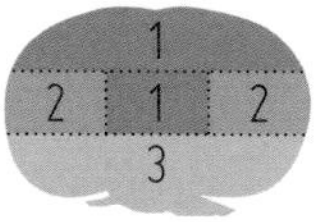

去皮

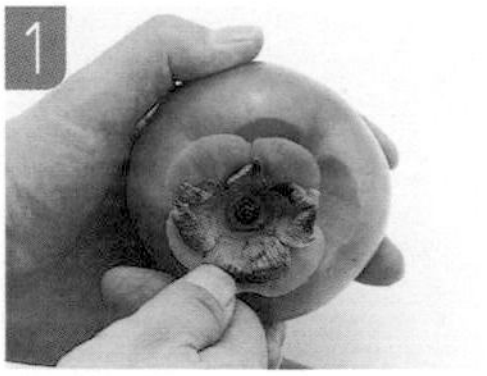

1 以刀尖挖除蒂頭。

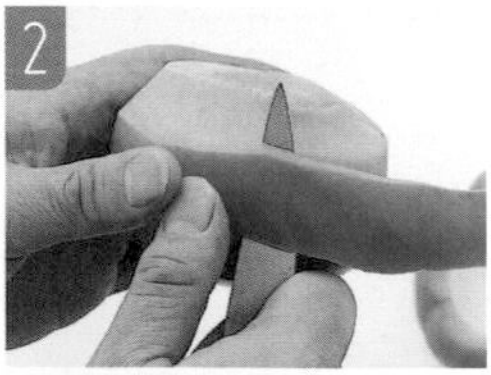

2 自挖除的切口邊緣處，螺旋狀削皮。

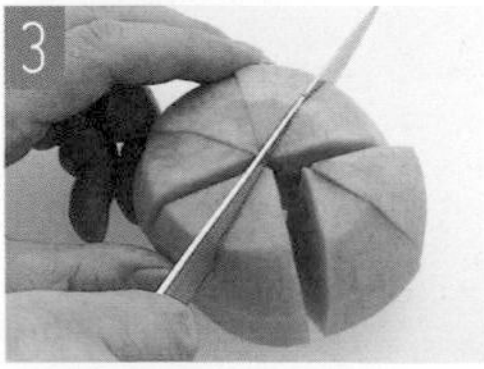

3 八等分切瓣。

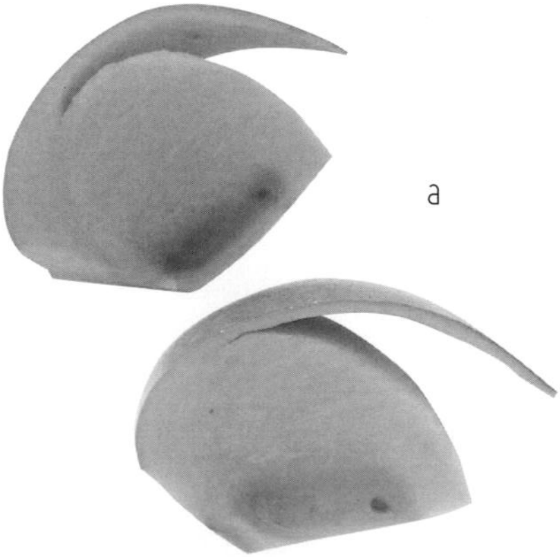

a

基本切法

去皮方法為首要重點。由於表皮堅硬，削皮要一氣呵成，刀痕才會漂亮。

切瓣

a

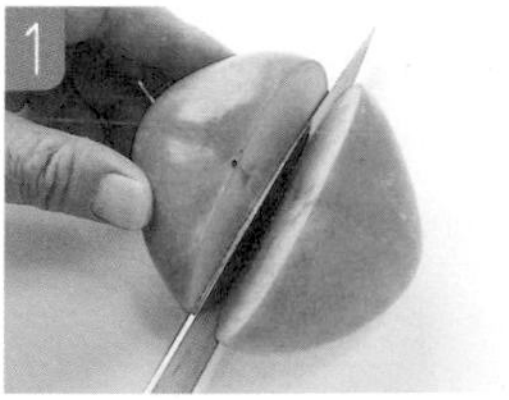

沿著表皮凹線下刀，縱向對半切二等分。

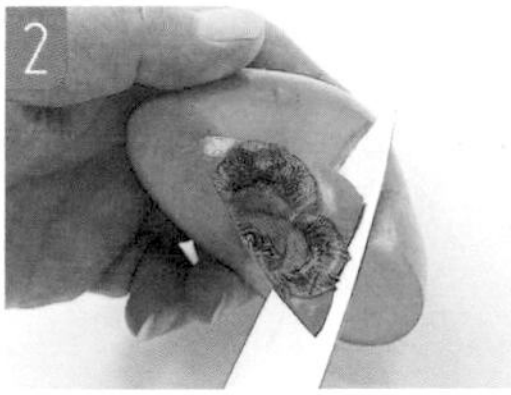

切V字去除蒂頭。

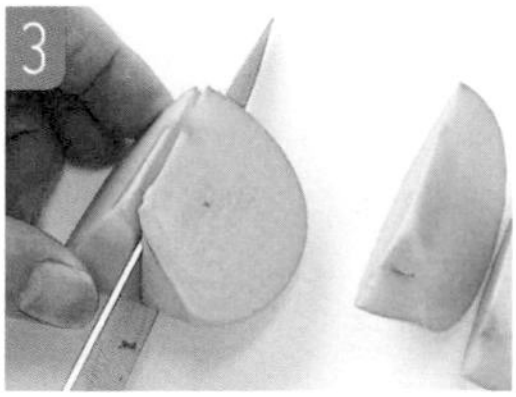

將1/2柿子切四至五等分。

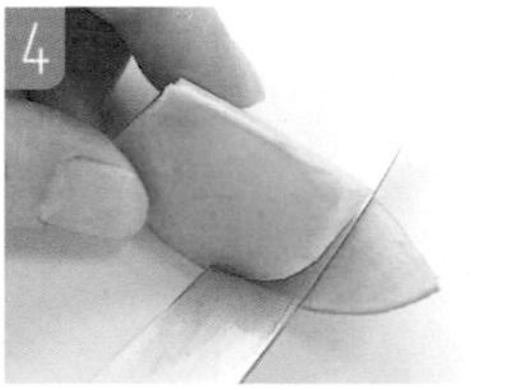

平刀片切表皮至2/3處，以便拿在手上享用。

柿子果盅

b

適度地厚切蒂頭端。

以葡萄柚水果刀挖出果肉，切成方便食用的大小。

愛心

玫瑰

b

盛入重新拼合的果肉！

枇杷

以大顆卵形的茂木＆偏球形的田中為枇杷的兩大代表品種。雖然普遍可直接徒手剝皮食用，但中心的大種籽容易造成品嘗時的防礙。請將表皮剝除乾淨，並去除薄皮＆種籽，以兼具方便食用＆賞心悅目的方式加以處理吧！處理大顆的枇杷時，以劃出深及種籽的十字刀痕或對半切的方式，均可輕鬆去除種籽。

DATA:

產期 1 2 3 4 5 6 7 8 9 10 11 12 4至6月

挑選方式＆品嚐時機

果梗結實，表面滿佈白霜（果粉）及絨毛，表皮緊實為佳。

熱量（食用部位每100g）

40kcal

品種

茂木（Mogi）、田中、大房（Oobusa）、長崎早生（Nagasakiwase）等。

保存方式

擺放在通風良好處即可。若冷藏保存必須在2至3日食用完畢。

甜度分布圖

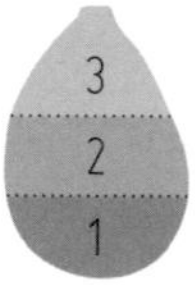

基本切法

請依枇杷大小，改變剝皮＆去籽方法。

去皮

a

1

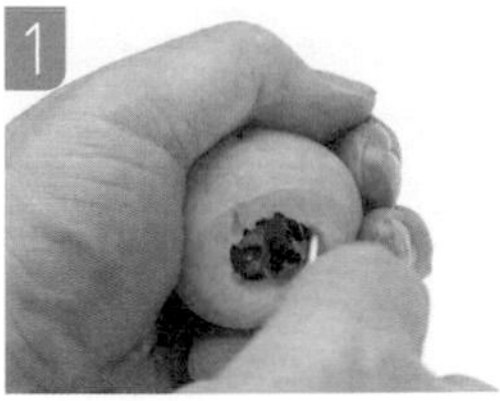

略微切去果臍端，再以去芯器去籽。

2

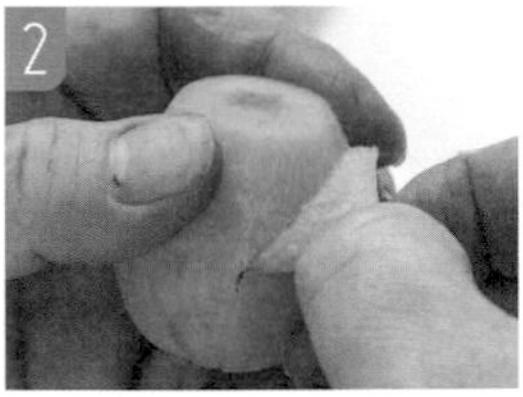

切去蒂頭，以往下掀開的手法剝除表皮。

去皮

b

1

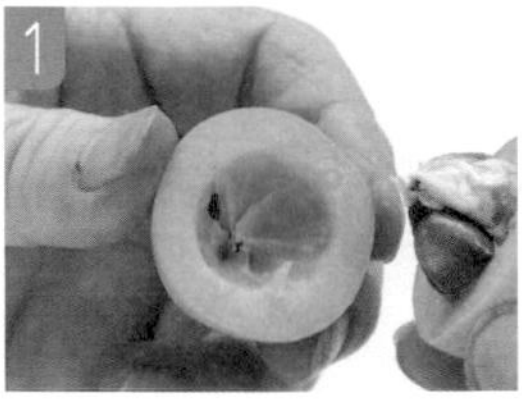

橫向下刀，繞切種籽一圈，將枇杷一分為二。

2

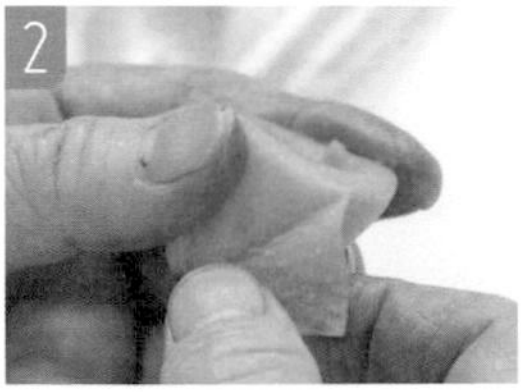

去除薄皮＆種籽後，以往下掀開的手法剝除表皮。

切瓣

c

1

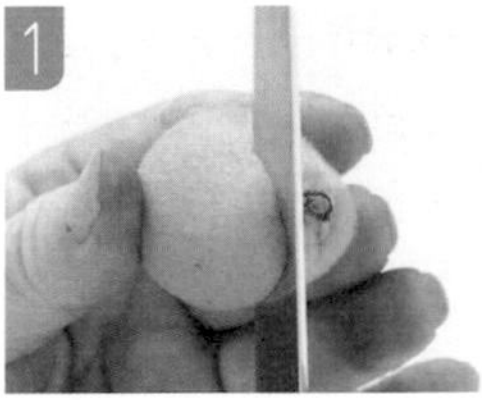

縱向下刀，繞切種籽一圈，將枇杷一分為二。

2

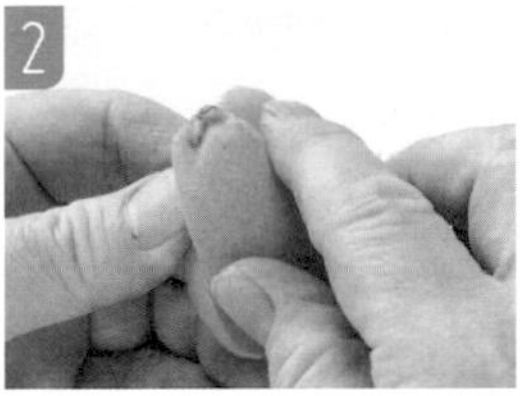

切成兩半後，以雙手輕柔地扭開果肉。

3

分成兩半後，去除薄皮＆種籽。

4

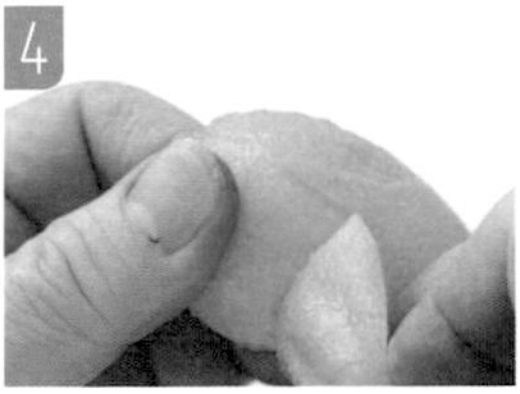

以掀開的手法來剝皮。

花形切雕

d

1

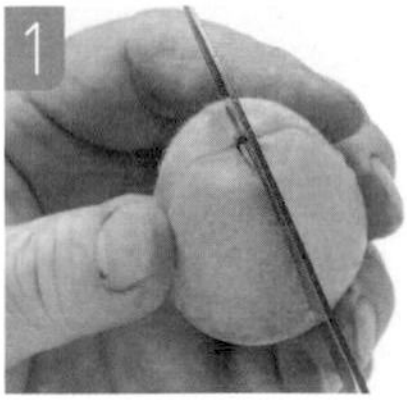

略微切去蒂頭端，劃出十字刀痕後，剝去表皮。

2

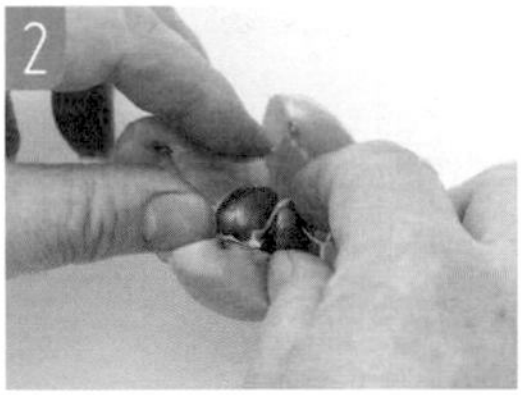

展開切面，呈現花朵的形狀。

3

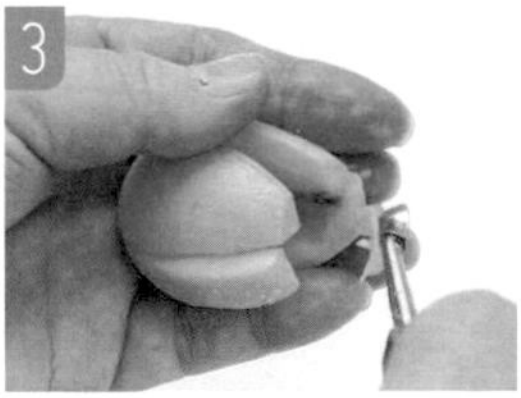

去除薄皮＆種籽。

葡萄

由於表皮顏色繁多，可盡情發揮刀工技術。就方便剝皮的功能性而言，花形切雕＆毽子切雕都相當方便食用。無論是用來裝飾拼盤，或作為增色點綴都很美麗。此外，表皮＆種籽富含多酚，去除活性氧、抗老化、回復視力及提升肝功能等功效也值得期待。

DATA:

產期 1 2 3 4 5 6 7 8 9 10 11 12　8至9月

挑選方式＆品嚐時機

莖色青綠，果粒緊實，且表面遍佈白霜（白色粉狀物，果粉）為佳。葡萄串頂端的果實甜度最高。

熱量（食用部位每100g）

59kcal

品種

珍珠（Delaware）、亞歷山大麝香（Muscat of Alexandria）、新玫瑰香（Neo Muscat）、紅葡萄（Red Grape）、湯普森（Thompson Seedless）、巨峰、貓眼（Pione）、甲州、甲斐路等。

保存方式

將整串葡萄放入塑膠袋內，存放於冰箱蔬果室冷藏。將一顆顆帶短果柄的葡萄粒放入密封容器中，約可保存2週。

甜度分布圖

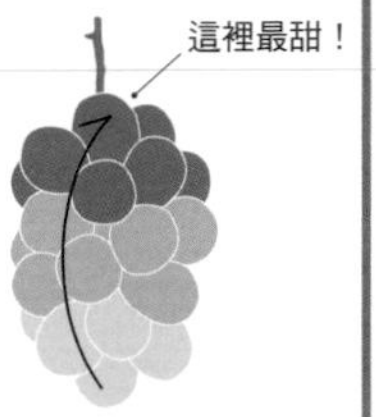

基本切法

請在此學習讓葡萄更方便享用的各種切雕技巧吧！只要活用表皮顏色，在表皮切雕上多費一些心思就能完成漂亮的造型。

花形切雕

a

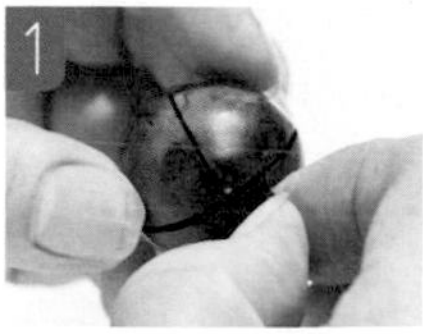

平刀切除蒂頭後，以十字刀痕輕輕劃開表皮。

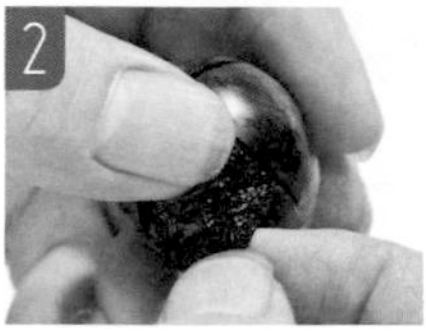

自刀痕處徒手剝開部分表皮，呈現出花瓣狀。

b

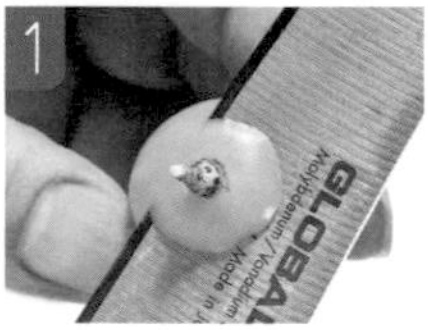

平刀切除蒂頭。

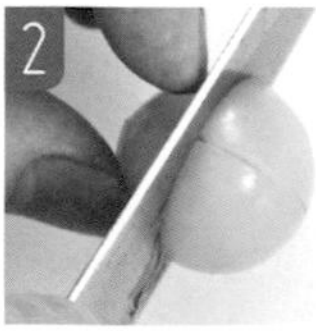

劃出十字刀痕，展開切面。

c

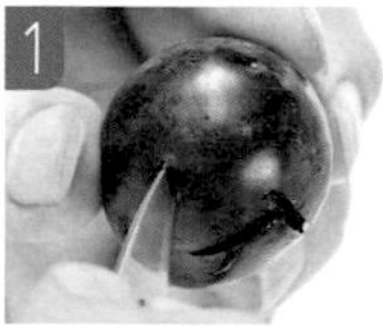

繞切一圈V字刀痕。

順著刀痕一分為二，切面即呈現鋸齒花狀。

毽子切雕

d

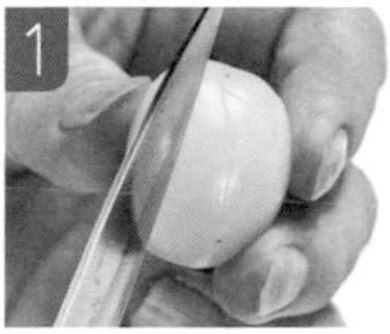

輕劃出十字刀痕後，在刀痕之間再輕劃一次十字刀痕。

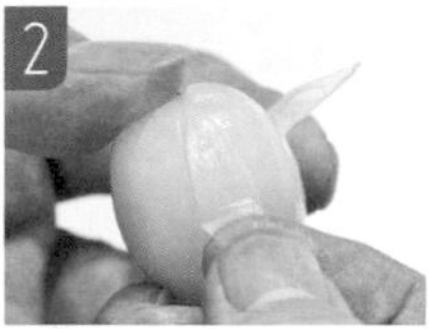

以一片掀開一片不掀開的規則，將表皮剝開一半，即完成毽子造型。

紙氣球

e

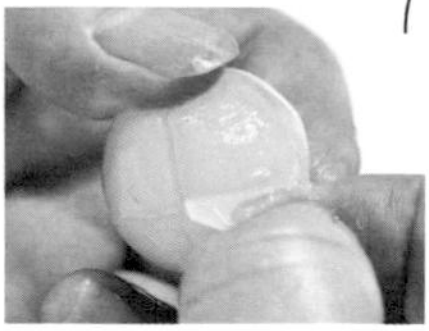

先縱向輕劃十字，再於橫向中央處輕劃一圈，劃出三角形的切痕＆間隔地剝除表皮，表現出紙氣球般的摺面感。

切片

f

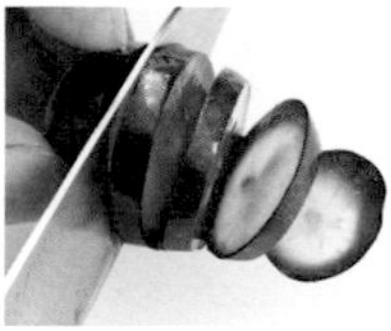

橫放葡萄，切成圓片狀。

葡萄果盅

g

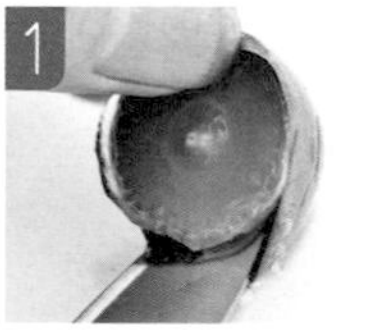

先橫向對半切二等分，再從表皮和果肉之間入刀，挖出果肉。

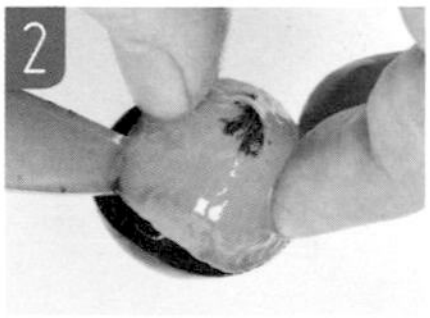

將果肉上下倒轉，擺放在表皮上。

無花果

由於表皮＆果肉非常柔軟，處理時務必格外謹慎。種籽極小，可享受到顆粒的口感。果臍微裂的無花果代表已經成熟，已可享用甜美的果肉。除了生食以外，也經常用於料理，製作糖漬水果＆果醬等用途。由於含有蛋白質分解酵素蛋白酶，在蛋白質餐點食用完畢後攝取，有幫助消化的效果。

DATA:

產期 1 2 3 4 5 6 7 **8 9 10** 11 12 8至10月

挑選方式＆品嚐時機

表皮緊實具彈性且無損傷，整體飽滿且呈紅紫色為佳。果臍微裂即為成熟的證據。屬後熟水果。

熱量（食用部位每100g）

54kcal

品種

瑪斯義陶芬（Masui Dauphine）、白熱那亞、紫色波爾多、布朗土耳其等。

保存方式

以保鮮膜一顆顆包起來，可冷藏2至3天。也可以剝皮後冷凍保存。由於不耐久放，請儘早食用完畢。

基本切法

從果梗較容易剝下表皮。
完熟後採用切瓣的方式較好處理。

切瓣

a

縱向對半切二等分。

繼續切成八等分。

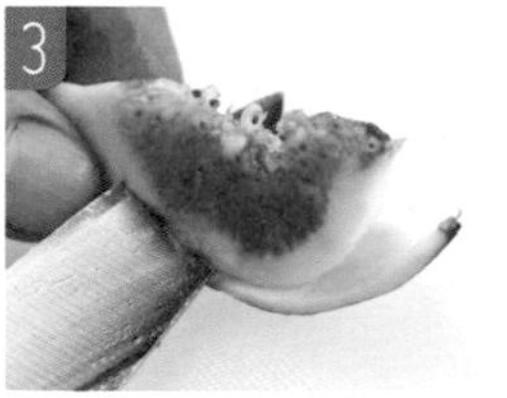

再順著圓弧抵住砧板，平刀片切去皮。

鋸齒花

b

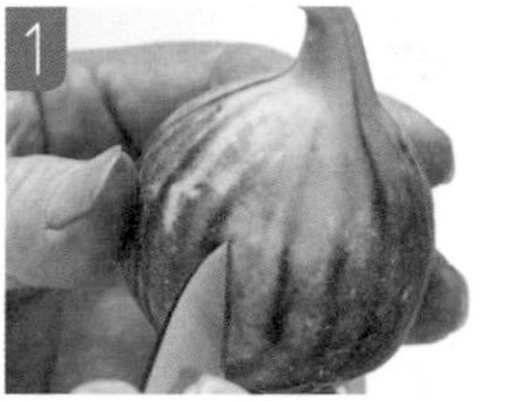

在1/2處下刀。

繞切一圈V字。

一分為二後，切面自然呈現花朵狀。

memo:

無花果鋸齒花的食用方法

因為去皮後無法維持完美的花形，所以請儘量不要切傷表皮，以湯匙挖取果肉食用。作為沙拉或料理的配菜也很適合。

無花果盅

c

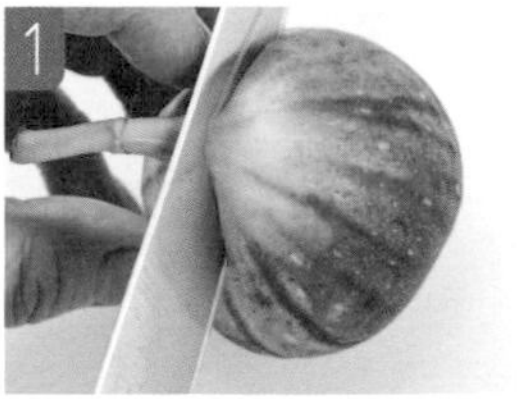

縱向對半切二等分。

從表皮和果肉之間入刀，挖取果肉。

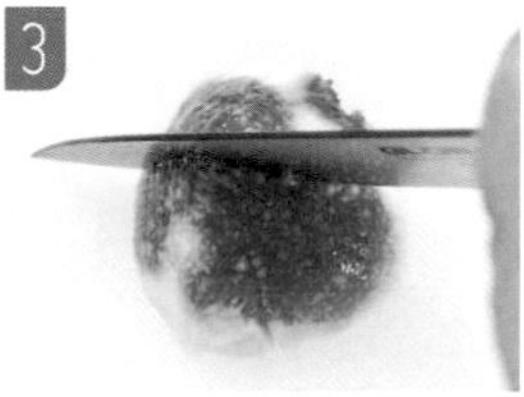

將果肉切成容易入口的大小。

將切好的果肉盛放在表皮盅上。

石榴

內藏著以薄瓣膜包覆隔開的大量可食用種籽。日本產石榴在完熟後表皮會裂開，但西洋品種則不會，因此西洋種石榴較適用於果盤切雕。此外，砧板＆抹布可能會被石榴染色，處理上請特別留意。

具有清爽的酸甜滋味，也常見榨成紅石榴果汁，或加工製作糖漿等應用方式。

DATA:

產期 1 2 3 4 5 6 7 8 9 10 11 12　9至11月（美國產）

挑選方式＆品嚐時機

以帶有扎實重量感，表皮無損傷，整體呈紅色者為佳。食用石榴果粒時，連同果粒內的種籽一起嚼碎食用也OK。或榨成果汁享用也很可口喔！

熱量（食用部位每100g）

56kcal

品種

Wonderful、紅寶石（Ruby Red）、水晶石榴、大紅石榴等。

保存方式

擺放在通風良好處可保存2至3週。取出的果粒可冷凍保存。

基本切法

可分切成小塊狀，方便拿在手上食用。
由於果汁會從切面流出，所以下刀速度要快。

切瓣

a
c
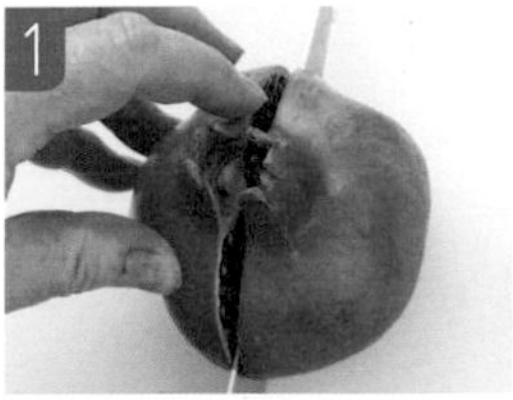

縱向對半切二等分。

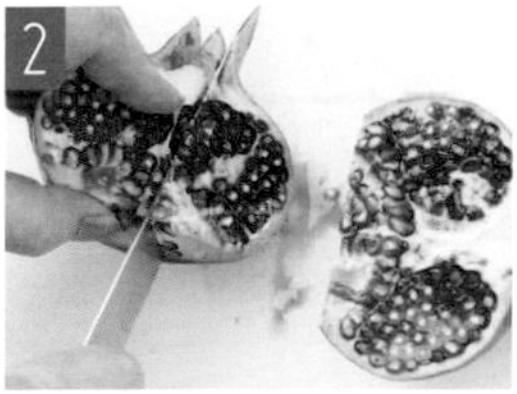

切成瓣片狀（c）。縱向對半切開（a）。

memo:

於水中簡單取出果粒

將石榴泡在盛水的碗中剝皮，既可避免果汁四溢，也能取出完整的果粒。

方形切塊

b

薄切果臍端。

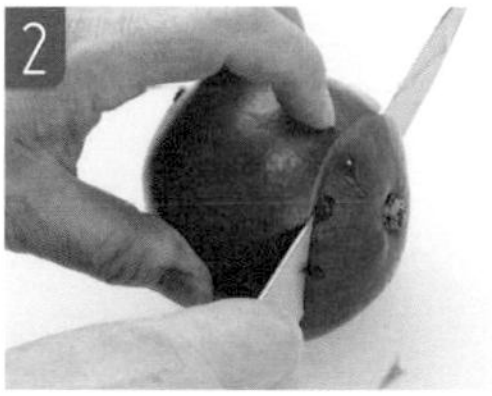

薄切蒂頭端。

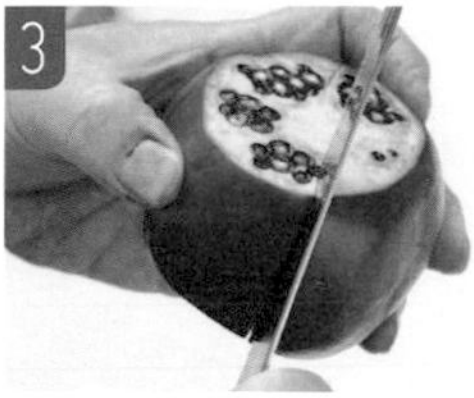

縱向劃出2道刀痕。

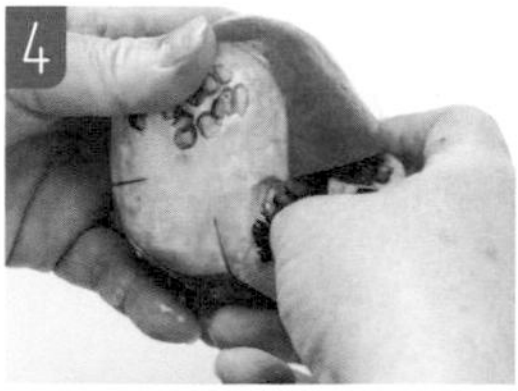

徒手剝下，即呈方形（四角形）。

徒手剝皮

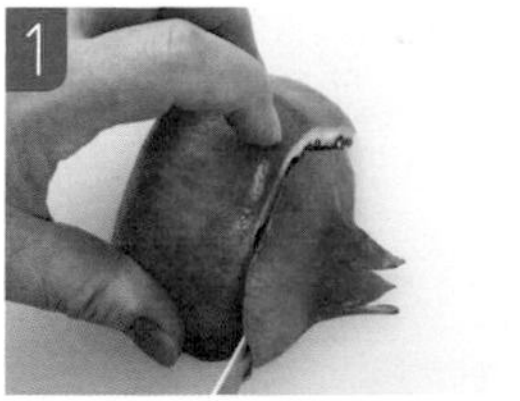

縱向對半切二等分，再薄切果臍&蒂頭端。

徒手剝皮。

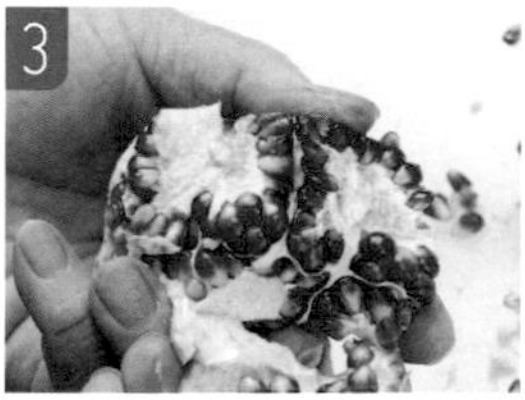

如此一來就能拿在手上方便享用了！

李子

和名為酢桃。市售品種豐富，果肉分成黃色系、紅色系等，口感也各不相同。雖然薄皮品種也可以連皮享用，但大顆李子的表皮卻會殘留在口中，去皮會較好食用。在國外常見被作成乾燥食物梅乾（洋李乾）食用，也可以作為果汁、果醬、雪酪、蛋糕等用途。

DATA:

產期 1 2 3 4 5 6 7 8 9 10 11 12 6至8月

挑選方式&品嚐時機

以表皮緊實無損傷，形狀工整，顏色漂亮分布，表皮上有白霜（果粉），且觸感柔軟為佳。

品種

大石早生、太陽、Soldum、貴陽、玫瑰（Santa Rosa）、凱西（Kelsey）、Sugar Prune等。

熱量（食用部位每100g）

44kcal

保存方式

於常溫下追熟，冷藏約可保存3至4日。

基本切法

皮薄可連皮一起食用，皮厚則須去皮處理。
但不論品種，皆須預先去籽以便食用。

圓切片

a

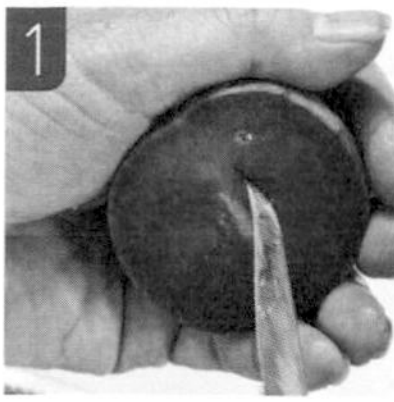

縱向對半切二等分，再以刀尖挑除種籽。

切成適當厚度的圓片。

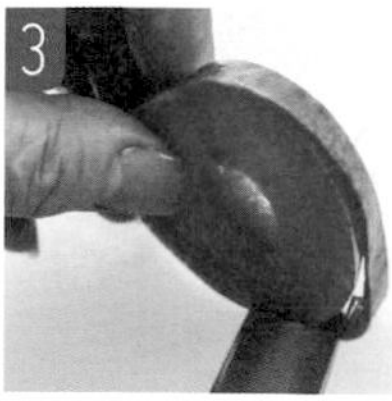

從表皮和果肉之間入刀，繞切一圈去皮，切取圓環狀的果肉。

切瓣

b

切成瓣片狀。

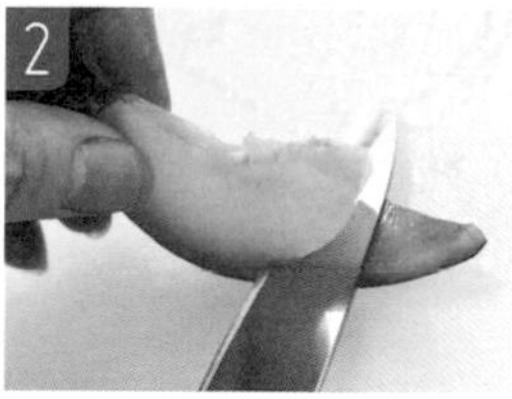

順著圓弧抵住砧板，平刀片切去皮。

三角切塊

c

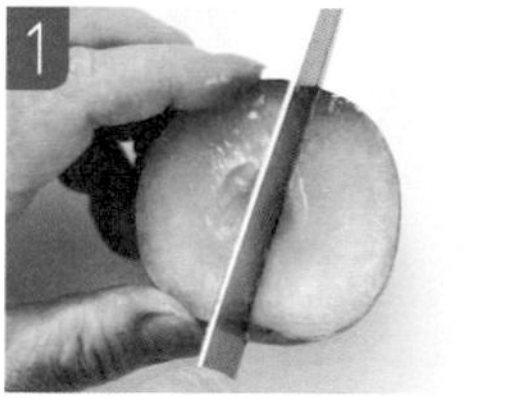

切成二等分後，縱向對半切成瓣片狀，最後再橫向對半切開。

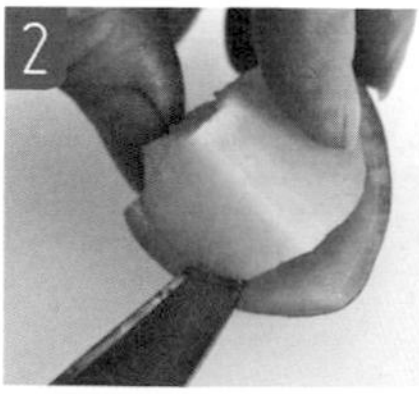

順著三個邊角慢慢地平刀片切去皮，切取果肉。

花形切雕

d

劃出十字刀痕。

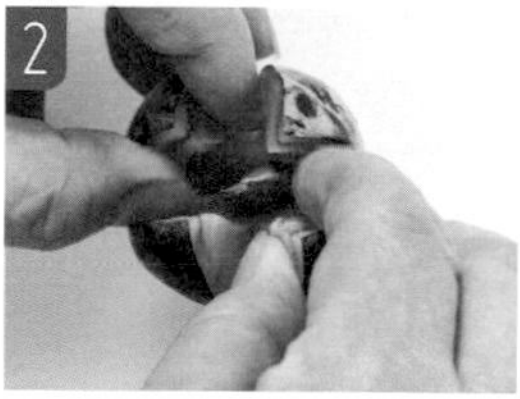

展開切面取出種籽，即呈現花朵形狀。

果盅＆切瓣擺盤

將果肉切成容易入口大小，盛放在表皮盅內，再以切瓣李子環繞外圍擺盤。

蜜柑

普遍而言是徒手剝皮食用，但活用表皮＆果肉進行切雕也別有樂趣。依切法的不同，也能享用到果瓣的皮喔！蜜柑富含維他命C，白皮部分則富含維他命P，具有預防動脈硬化的效果。此外，果膠也有整腸功效，冬季當令的蜜柑尤其珍貴。

DATA:

產期 1 2 3 4 5 6 7 8 9 10 11 12 11至2月

挑選方式＆品嚐時機

手感沉甸，表皮緊實度適中且帶光澤，蒂頭小，表皮顏色均勻且表皮服貼為佳。

熱量（食用部位每100g）

46kcal

品種

溫州（Unshiu）、紀州、克里曼丁紅橘（Clementina）、椪柑、伊予柑等。

保存方式

存放在通風良好的場所。裝箱的蜜柑必須先從箱內取出，擺在非高溫＆潮濕的空間，儘快食用完畢。

下）以專業去皮刀切一圈V字，完成鋸齒花切雕。
左）以葡萄柚水果刀，從表皮和果肉之間入刀挖取果肉後，切成容易食用的大小＆放回表皮盅內等，享受各式各樣的應用樂趣吧！

櫻桃

在此將介紹適合蛋糕＆甜點的切雕方法。擺盤前，多加一道去籽的手序，就能使食用者更方便享用。可作成果醬、果凍、蛋糕、糖漬水果等。含有花青素、鉀、維他命C、維他命B群、褪黑激素，對恢復眼睛疲勞、視力保健、預防高血壓等具有功效。褪黑激素則有助眠、紓緩時差的效果。

DATA:

產期 1 2 3 4 5 6 7 8 9 10 11 12　5至7月（日本產）　5至8月（美國產）

挑選方式＆品嚐時機

表皮緊實帶光澤，無損傷，果梗新鮮呈綠色，採收後2至3日者為佳。

熱量（食用部位每100g）

60kcal（日本產）、66kcal（美國產）

品種

拿破崙（Napoleon）、美國櫻桃、佐藤錦（Sato Nishiki）、高砂（Takasago）。

保存方式

放入密封容器後，擺入冰箱蔬果室保存1至2日。若長久保存甜度會變淡，果肉也會變硬。請注意不可冷藏過久，並儘快食用完畢。

去籽後以圓切片、花形切雕、對半切等方式處理。美國櫻桃（左）則是去籽後切取果肉。

刺角瓜

刺角突起的黃色表皮，與透明感的翡翠色果肉形成美麗對比。種籽周圍的凝膠狀果肉為主要的食用部位。具有溫和的酸味，很適合搭配優格等食物享用。活用表皮形狀的切法＆瓜果盅都是基本的切雕處理方式。果肉含有鎂、食物纖維和礦物質，若連籽一起食用可攝取更多的食物纖維。

DATA:

產期 1 2 3 4 5 6 7 8 9 10 11 12 全年 （紐西蘭・加州產）

挑選方式＆品嚐時機

表皮有光澤且無損傷，瘤刺直而不彎，顏色分布整體為佳。當整體從綠色轉變為黃橙色，即為享用時機。

熱量（食用部位每100g）

41kcal

品種

無

保存方式

擺放在通風良好的場所，約可保存2至3週。

基本切法

種籽周圍的凝膠狀果肉為主要食用部位。
特別推薦能活用表皮形狀的切法＆製成果盅。

圓切片・半圓切片 銀杏葉狀切片

a
b
c

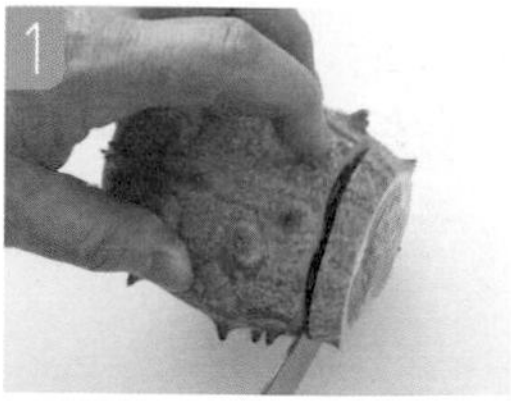

1 厚切表皮兩端。

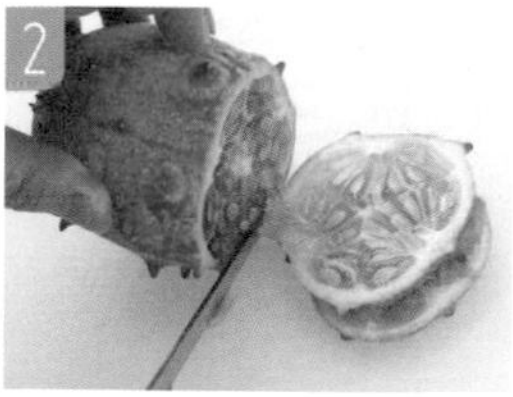

2 切成適當厚度的圓片（圓切片）。

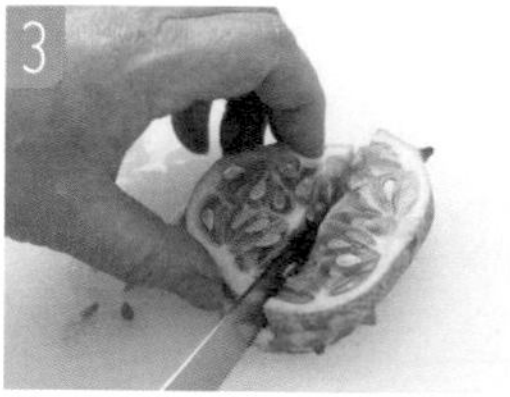

3 將圓片縱向對半切（半圓切片）。

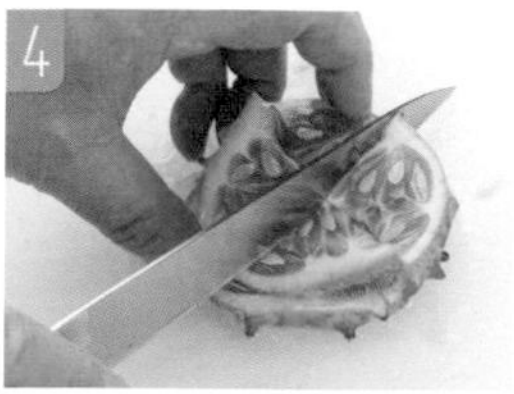

4 將半圓片再次對半切（銀杏葉狀切片）。

刺角瓜果盅

d

1 於縱向中央線處下刀。

2 縱向對半切二等分。

3 在果肉中央劃縱向刀痕。

4 僅取半邊果實，從表皮和果肉之間入刀，沿著表皮圓弧切取果肉。

切瓣

e

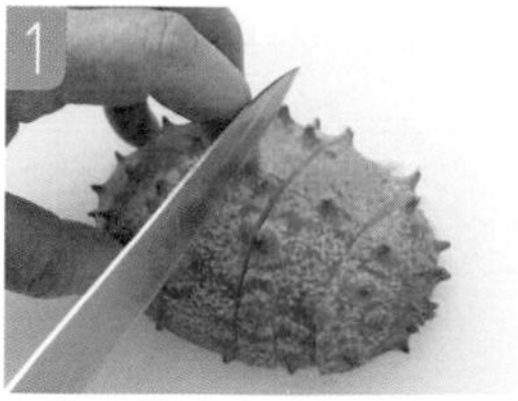

1 整顆刺角瓜縱向對半切開後，再次橫向對切半切開。

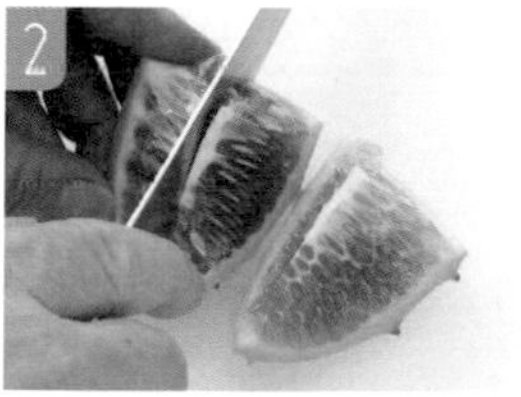

2 將1切二等分後，再各自對半切二等分。

3 另外半邊果實也以相同切法處理。

memo:

刺角瓜的營養

含有鎂、食物纖維和礦物質，有益於預防高血壓。連同種籽一起享用，可攝取更多食物纖維。

火龍果

突起的鱗片猶如龍鱗般，所以別稱DRAGON FRUIT。是仙人掌的近親，表皮有紅色＆黃色兩種，果肉也有紅肉＆白肉之分；但不論品種，皆有芝麻粒大小的種籽遍佈整體果肉。除了直接食用新鮮水果的滋味之外，亦可作成果醬＆果凍等用途。

DATA:

產期 1 2 3 4 5 6 7 8 9 10 11 12　8至11月（日本產）　3至4月（越南產）

挑選方式＆品嚐時機

皮緊實具光澤，顏色分布整體為佳。當整體觸感帶有彈性即為享用時機。

熱量（食用部位每100g）

50kcal

品種

紅龍果（Red Pitaya）、黃龍果（Yellow Pitaya）等。

保存方式

屬非後熟水果，須儘快食用完畢。建議裝入塑膠袋內，放置冰箱蔬果室保存。

基本切法

依不同的切法選擇先去皮後切片，或先切後剝皮等兩種處理方式。

切瓣＆1/2切瓣

a
c
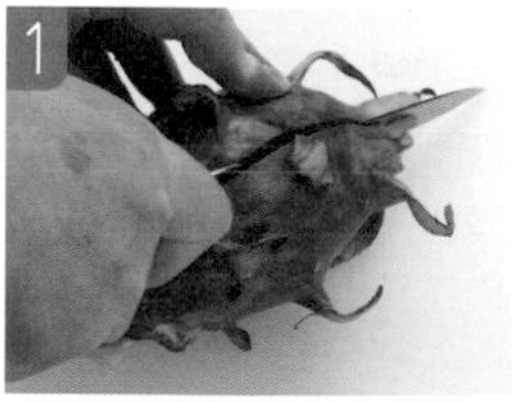

縱向對半切二等分。

等分切成瓣片狀（切瓣）。

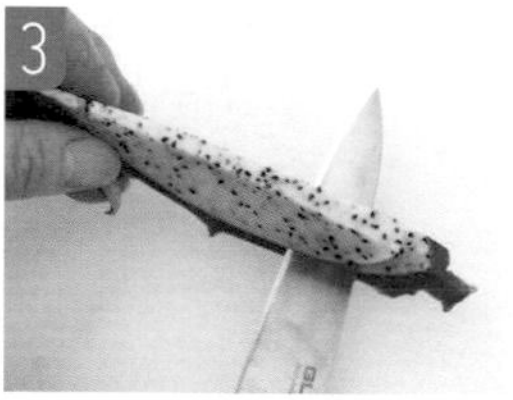

從表皮和果肉之間入刀，平刀片切去皮（a）。不作片切去皮，直接將2斜向對半切開（c・1/2切瓣）。

半圓切片

b
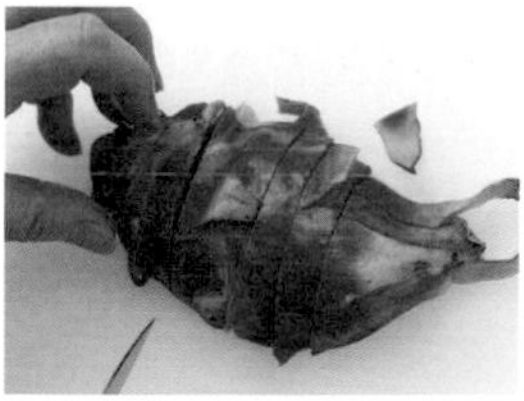

縱向對半切二等分後，切成適當厚度的半圓片。

memo:

去皮方法

從表皮下刀，將表皮淺淺地縱向劃開。再自刀痕處，順著弧度徒手掀開表皮。

memo:

火龍果的營養

含有鉀、食物纖維和各種礦物質，對高血壓＆預防貧血具有功效。

色紙擺盤

d
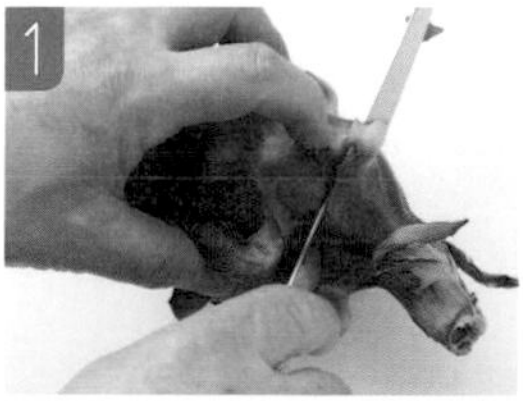

稍微厚切蒂頭端。

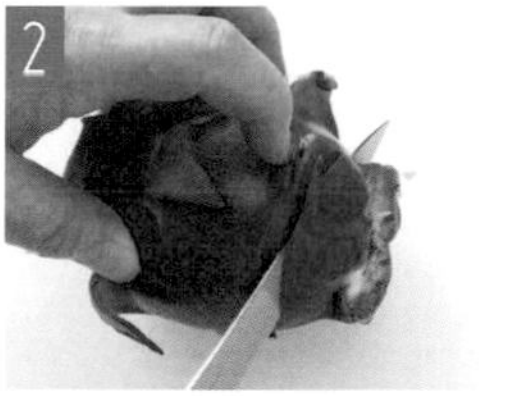

另一端也採用同樣切法。

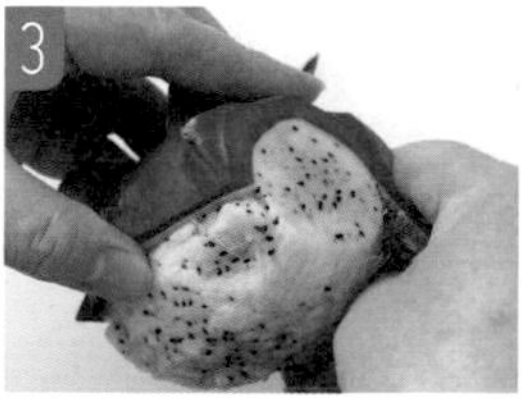

在果皮中央處劃開一刀，從該處徒手繞圈剝皮。

切成容易入口厚度的圓片。

楊桃

原產自東南亞的果實，果實斷面呈星形，所以被取名為STAR FRUIT。因為有五個菱角，故和名為五斂子，在中國則被稱作五稜子。表皮完熟後會由綠轉黃。可依個人喜好挑選酸味強或甜味強的品種。可作成果凍、果醬、沙拉、甜點、醃菜、糖漬水果……等多種食用用途。

DATA:

產期 1 2 3 4 5 6 7 8 9 10 11 12　11至12月（墨西哥產）　6至8月・10至11月（日本產）

挑選方式＆品嚐時機

表皮無皺褶且無損傷，表皮呈帶光澤的黃色為佳。雖然完熟時為黃色，但略呈黃綠色的楊桃較有嚼勁食用方便。表皮洗淨後也可食同。

熱量（食用部位每100g）

30kcal

品種

無

保存方式

擺放在通風良好的場所催熟，或放入冰箱蔬果室冷藏保存。

去皮

1

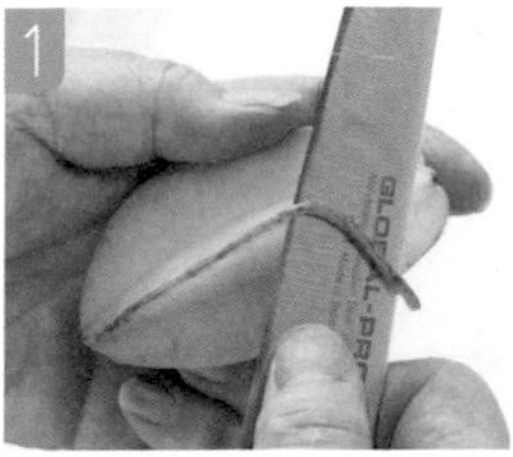

小心削除五角形的綾線。

2

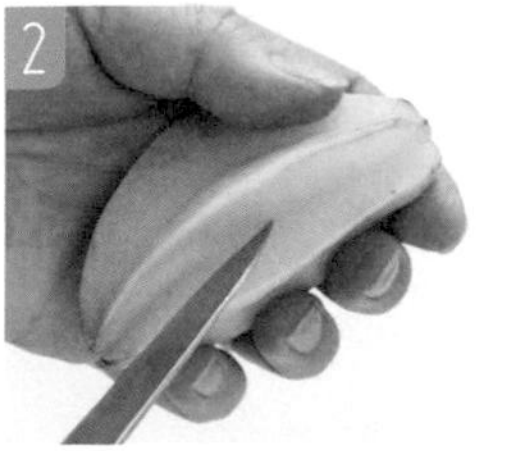

以刀尖在凹溝的表皮上輕劃出刀痕。

3

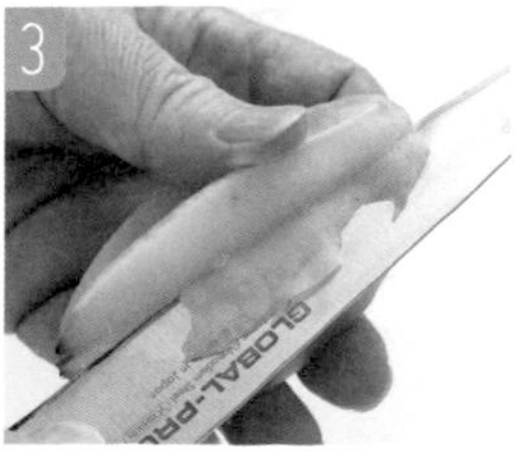

從綾線往凹溝薄切去皮。

星星切片

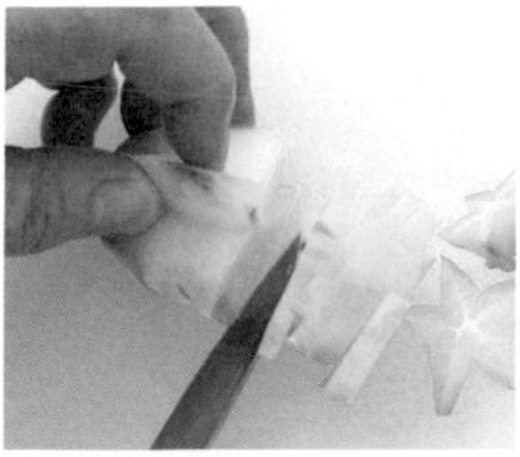

仔細去皮後，切成方便食用厚度的楊桃片。

memo:

星星切片

由於果實輪廓呈星形，故命名為STAR FRUIT。無論是縱向切片或斜向切片，皆能表現出星形的特色。

memo:

楊桃的營養

富含維他命C與食物纖維，美肌＆整腸效果值得期待。

山竹

被譽為水果女王，與芒果、荔枝並稱世界三大美味水果。表皮厚且呈現紅紫色，果肉則是乳白色瓣狀。外側的花瓣數量與果肉瓣的數量相同。新鮮山竹請將蒂頭端切除，雙手拇指用力按壓蒂頭端的果實，表皮就會縱向裂開。冷凍的山竹則須在半解凍後處理。

DATA:

產期 1 2 3 4 5 6 7 8 9 10 11 12

冷凍・全年皆有（泰國・馬來西亞產）
鮮果・2至7月（哥倫比亞・泰國產）

挑選方式＆品嚐時機

挑選表皮有彈性，色澤鮮嫩欲滴為佳。冷凍山竹以紫色遍佈整體為佳。當鮮果表皮的紫紅色轉變為紫色，或表皮觸感變得柔軟時即是享用時機。

熱量（食用部位每100g）

67kcal

品種

無

保存

裝入塑膠袋中，存放在冰箱蔬果室冷藏。約可保存4至5日。完熟的山竹則可冷凍保存。

基本切法

主要重點在於熟練剝皮的技巧，不論是徒手剝皮或以刀劃開表皮的方式都OK。

去皮方法①

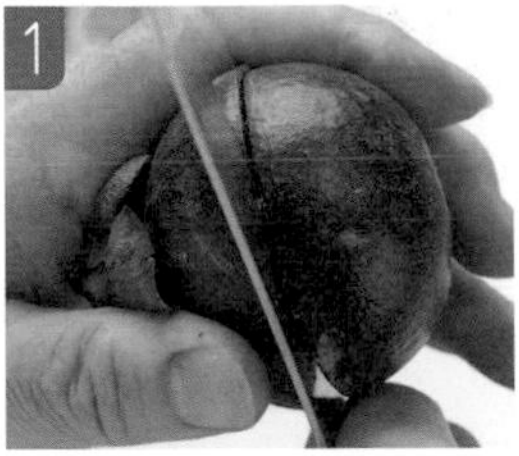

橫向下刀劃開表皮。

將表皮一分為二，注意別傷害到果肉。

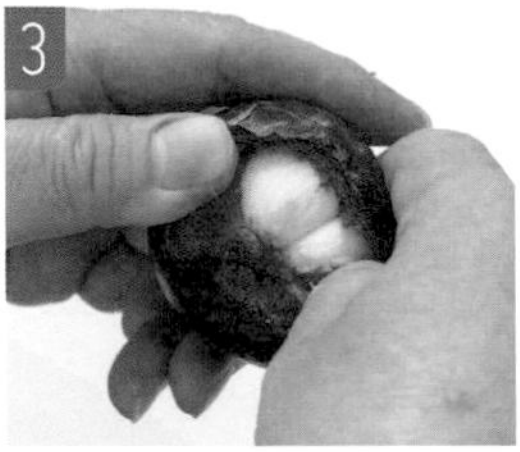

小心避免傷及果肉，從蒂頭端徒手剝皮。

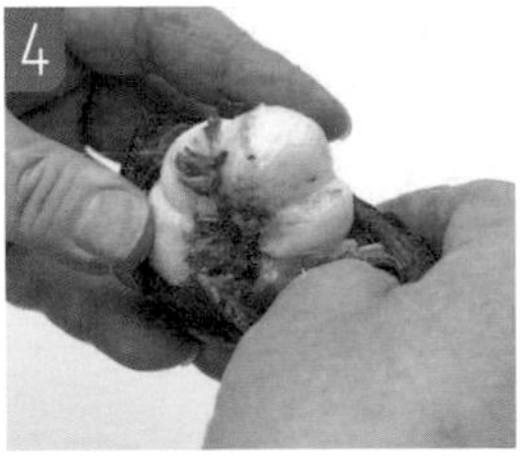

新鮮山竹的表皮柔軟，徒手也能將皮剝除乾淨。

memo:

山竹的營養成分

富含維他命E、維他命C、葉酸、鉀，具有抗老化、預防高血壓及美肌等功效。此外也含有蛋白質分解酵素，食用完肉類料理後可幫助消化。

memo:

冷凍山竹的處理方式

全年皆有的冷凍山竹，主要產自泰國及馬來西亞。挑選時以紫色遍佈整體表皮為佳。市面上也有販售已切開表皮的山竹，由於表皮上已劃有刀痕，徒手剝開即可食用。

去皮方法②

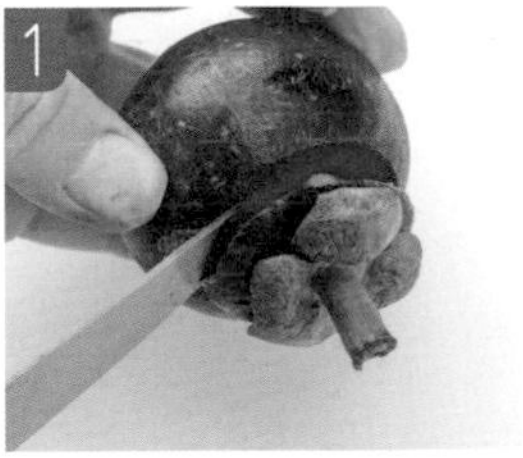

切去蒂頭。

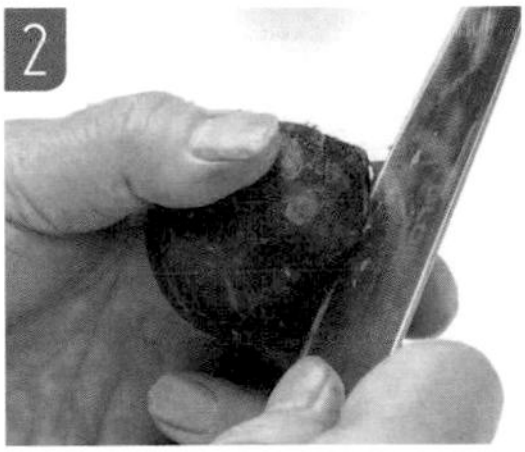

縱向下刀切開表皮。

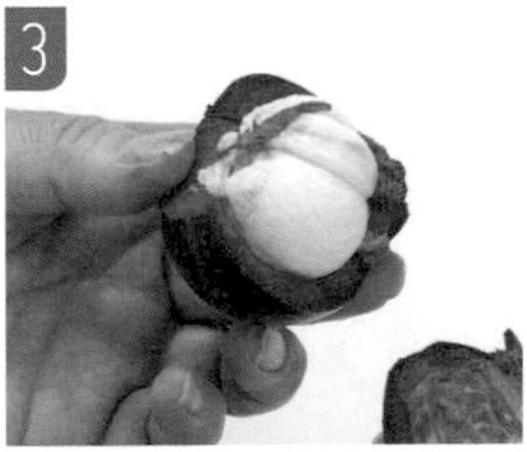

避免傷及果肉，小心地自刀痕處徒手剝皮。

BOOK ONLY

百香果

切開略厚的表皮後，內裡充滿許多被橙黃色的果凍狀果肉包覆的小種籽。食用時，含在口中香味四溢，酸甜滋味也蔓延開來。除此之外，也常見製成果汁、冰淇淋等加工食品。由於十字架形狀的花朵貌似耶穌基督的受難（PASSION）故得其名。可冷藏保存約一週。冷凍保存亦可。

DATA:

產期 1 2 3 4 5 6 7 8 9 10 11 12　3至5月（紐西蘭產）　7至8月（日本產）

挑選方式＆品嚐時機

新鮮的百香果表皮緊實且富光澤。當表皮轉為褐色，表面出現皺紋，代表滋味香甜可口正是品嚐時機。

熱量（食用部位每100g）

64kcal

品種

紫色百香果（Purple Granadilla）、甜百香果（Sweet Granadilla）等。

保存方式

擺放在常溫下催熟，當表皮變得皺巴巴則為享用時機，此時若無法立即食用完畢，可冷藏保存。

切瓣

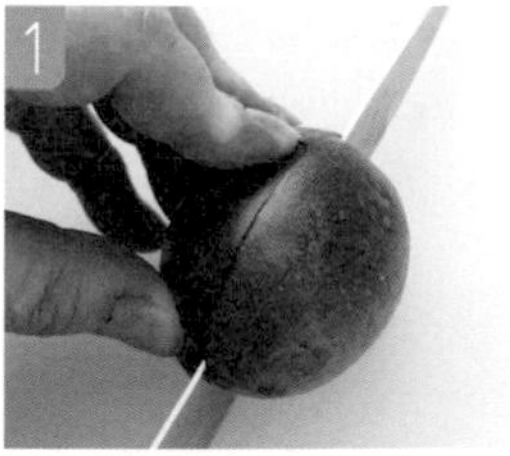

縱向對半切二等分。

再次縱向對半切成瓣片狀。

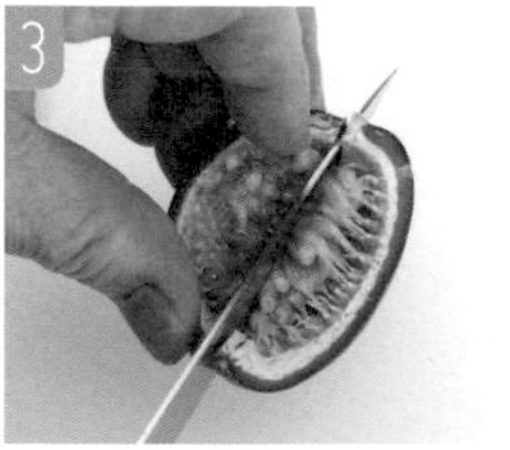

以相同切法處理另一半。

1/2切瓣

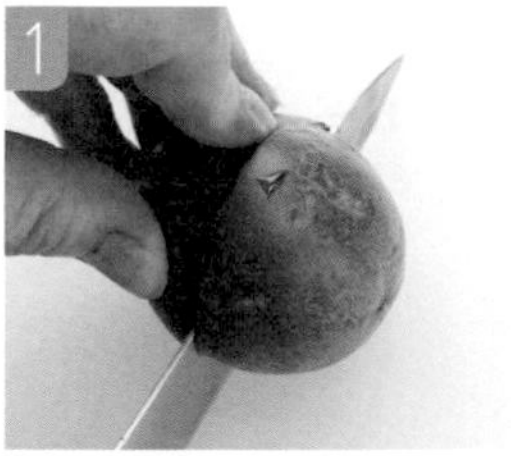

橫向對半切二等分。

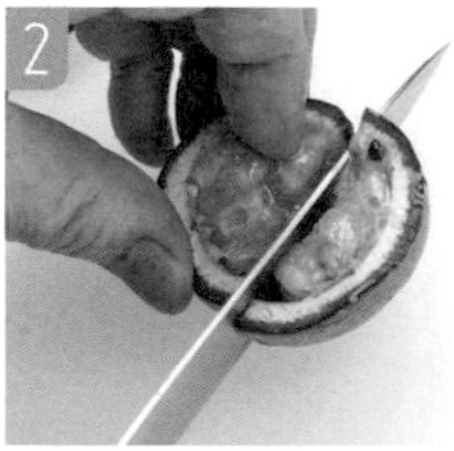

再次對半切成瓣片狀。

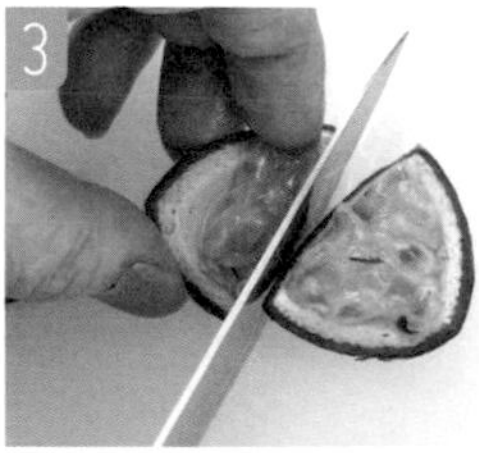

將2的切瓣縱向對切，切出
1/8百香果。

memo:

百香果的營養成分

富含胡蘿蔔素、維他命C、葉酸、鉀，具有抗老化、預防高血壓及美肌等功效。

紅毛丹

紅色表皮上覆蓋了柔軟長毛茸（肉刺），滑溜的果肉則呈現乳白色光潤模樣。果汁多且甜中帶微酸，相當美味。擺盤時建議僅將表皮對半切開，使果肉外露＆保留一半的表皮，靈活呈現表皮與果肉的紅白色彩對比，並以外觀討喜可愛的帶紅毛表皮展現特色。縱切＆橫切兩種切法都OK。

DATA:

產期 1 2 3 4 5 6 7 8 9 10 11 12 冷凍・全年皆有（泰國產）

挑選方式＆品嚐時機

也有表皮非紅色的品種。富含光澤，毛茸轉黑，表皮為鮮紅色且具彈性為佳。當表皮變紅＆產生彈性即為享用時機。

熱量（食用部位每100g）

63kcal

品種

無。

保存方式

裝入塑膠袋中，擺入冰箱蔬果室冷藏。冷凍保存亦可。

去皮方法①

縱向拿在手中劃出刀痕。

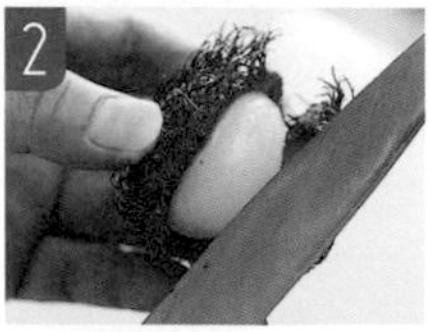

繞切一圈劃開表皮後，剝掉一半表皮。

去皮方法②

橫向擺放後，劃出刀痕。

於中央處繞切一圈劃開表皮後，剝掉一半表皮。

荔枝

剝除表皮覆蓋的紅褐色表皮，就能輕鬆食用半透明的白色果肉，品嚐到高雅清甜的多汁美味。中國名稱為荔枝，傳說是中國唐朝楊貴妃喜愛的水果。處理時僅切除表皮，縱切＆橫切兩種切法皆可，但千萬不要傷到果肉。可拿在手上享用。

DATA:

產期 1 2 3 4 5 6 7 8 9 10 11 12

冷凍・全年皆有
鮮果・6至8月（台灣產） 6至7月（沖繩・鹿兒島縣產）

挑選方式＆品嚐時機
挑選表皮緊實鮮紅，蒂頭新鮮為佳。

熱量（食用部位每100g）
63kcal

品種
無。

保存方式
於低溫可保存2至3日。鮮果可冷凍保存。由於會散發香味，請要儘早食用完畢。

荔枝果盅

於橫向中央處輕劃下刀。

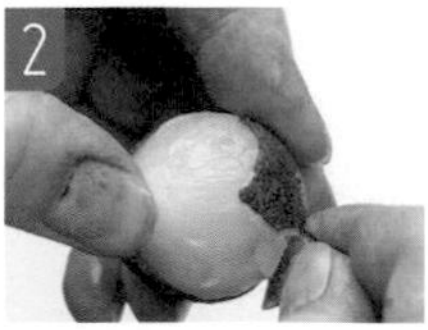

繞切一圈劃開表皮後，徒手剝皮。

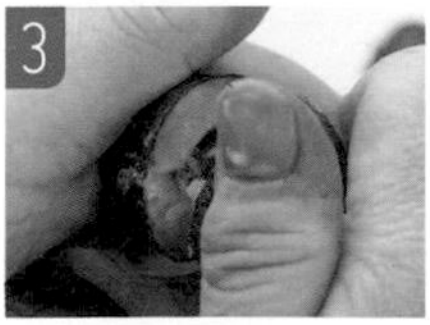

與1同樣作法縱向繞切一圈（深及種籽），再以手扭轉將荔枝剝成兩半。

保留一半表皮＆整顆去皮的荔枝擺盤。

DVD ONLY

水果杯飾

Garnish意指點綴飲料＆料理的食材。你是否也曾看過調酒＆熱帶果汁杯緣的水果杯飾呢？水果杯飾是稍加點綴便會賞心悅目，讓杯中飲品感覺加倍美味的名配角。施展各種刀工，嘗試以適合該飲料的水果進行裝飾吧！

使用水果

左起）木瓜（切瓣）、芒果（切丁）、西瓜（切瓣）・蘇丹娜無籽〈葡萄〉、芒果（玫瑰花杯）、草莓（花形擺盤）・草莓花・洋香瓜球、火龍果（切瓣）、柳橙（圓切片）・櫻桃、鳳梨（切瓣）、木瓜（花朵造型）・蘇丹娜無籽、火龍果（銀杏葉狀切片）、草莓（愛心造型）・洋香瓜球、香蕉等。

（　）為水果切法，〈　〉為水果名稱。

藉由添加水果杯飾，就能立刻營造出熱帶風情。先熟習以基本切雕進行裝飾的技巧吧！除了各種調酒，也可應用在像紅酒、果汁、果昔等飲品。除了裝飾杯緣，加入以劍叉組合兩種水果的水果串也是締造時尚感的方式之一。

鳳梨水果塔的應用篇。將鳳梨切成瓣片狀，再以劍叉串起的水果串加以裝飾。即使只是一杯簡單的柳橙汁，也能透過此方式提升華麗度，想必能締造出愉快的氛圍&炒熱現場吧！特意保留的鳳梨葉也烘托出了令人印象深刻的奢華感。

使用水果

鳳梨（切瓣）、木瓜（花朵造型）、草莓（愛心造型）、櫻桃、西瓜・火龍果（銀杏葉狀切片）、葡萄

蘋果的造型切雕。取1/4蘋果在表皮上作出棋盤格的造型切雕後，在果肉一半處劃開切口，插在杯緣上。柳橙汁&紅石榴糖漿的色彩，與蘋果表皮形成美麗的色彩對比。蘋果的造型切雕很適合初學者，也可以去皮嘗試製作成花朵造型。

使用水果

蘋果

memo:

水果杯飾可以食用嗎？

當然可以食用。但若水果杯飾帶表皮&種籽，食用完畢後以紙巾包起來擺在一旁是成年人應有的禮貌。待飲用完畢後，再將紙巾放入玻璃杯內亦可。

FRUITS CARVING

PART 2

果雕技法

源自泰國傳統雕花工藝。必須先打草稿再慢慢切雕出作品。除了切雕出花卉和動物的形狀外，也可以切雕訊息，所以也很適合用來慶祝紀念日。

DVD ONLY

果雕技法

果雕是衍生自泰國傳統文化的技藝。透過雕刻水果強調新鮮的美麗和主題性，刺激且取悅人類的五感。請使用泰式果雕刀，實際操作＆學習正確的刀工技法。果雕的應用範圍小至招待客人、裝飾便當，大至當作派對裝飾也毫不遜色，用途廣泛也是一大魅力。從簡單的技法開始練習，循序漸進地將刀工練至爐火純青吧！

花朵造型切雕

花朵造型屬於容易等級的基本技法。適用於表皮堅硬的洋香瓜、西瓜、木瓜、蘋果等水果上。藉由保留表皮，呈現出與果肉顏色的層次對比，以進一步詮釋豪華感和高格調。如玫瑰＆向日葵等造型都很受歡迎。

光皮洋香瓜玫瑰切雕

展現柔和漸層色彩的小玫瑰，可用於點綴出優雅感。

木瓜花切雕

全年皆容易購得的木瓜，由於纖維不強韌，屬於容易切雕的水果。適合作成形狀簡單的花朵，進行簡單的點綴。

草莓花切雕

由於在蒂頭端施以造型切雕，入口的滋味將更加單純甜美。可愛的花朵造型讓草莓看起來更有分量感，相當適合擺在蛋糕上。

以西瓜為主角

西瓜花切雕

西瓜是最適合進行精細雕刻的水果。活用深綠色轉為黃綠色的表皮＆由白色轉為紅色的果肉，設計出漸層色彩的效果，就能使作品顯得富麗堂皇。也由於是能遠遠望見的華麗切雕，擺放於大空間的活動場合中，一定相當令人驚艷且討喜。

以洋香瓜為主角

網紋洋香瓜的天鵝＆玫瑰切雕

以天鵝造型洋香瓜為主角，佐以不同色的玫瑰造型洋香瓜切雕＆交叉分切法的紅肉洋香瓜，進行擺盤。只要熟練洋香瓜的玫瑰切雕技巧，就能靈活運用在各種場合。若改用白、黃、綠、紅的果肉進行切雕，則能以色彩轉換氛圍，呈現出全新的風味。

FRUITS INDEX

PART 3

水果圖鑑

本章節將針對書中介紹的水果，依刊載頁的順序，整理出市售的品種圖鑑。但因為市售品種仍不斷推陳出新，因此僅供參考對照。

MELON ……… p12

洋香瓜

光皮洋香瓜

紅肉洋香瓜

網紋洋香瓜

PINEAPPLE ……… p18

鳳梨

小玉西瓜
（可一人獨享的品種）

熊本縣產
西瓜

WATERMELON ……… p24

西瓜

GRAPEFRUIT ……… p28

葡萄柚

葡萄柚
（紅）

葡萄柚
（白）

ORANGE ……… p34

柳橙

凸頂柑

明尼橘柚
（Minneola Tangelo）

臍橙（Navel Orange）

KIWIFRUIT ········ p40

奇異果

PAPAYA ········ p44

木瓜

AVOCADO ········ p48

酪梨

鵜鶘芒果
（Pelican Mango）

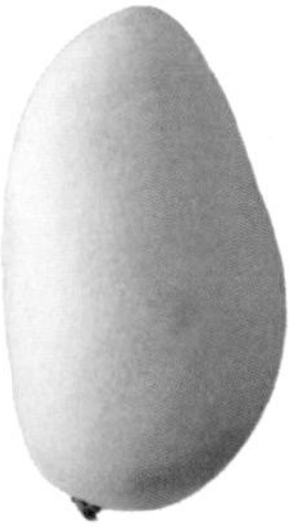

MANGO ········ p52

芒果

巴西芒果
（Brazil Mango）

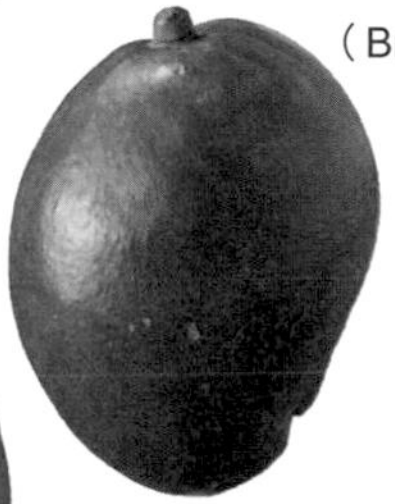

墨西哥芒果
（Mexican Mango）

愛文芒果
（Irwin宮崎縣）

BANANA ········ p56

香蕉

STRAWBERRY ········· p60
草莓

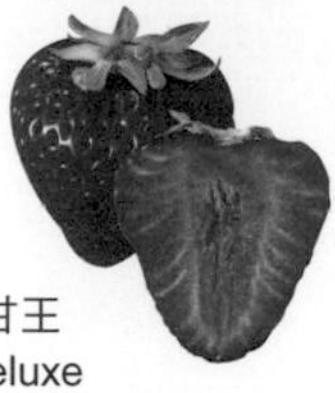

甘王
Deluxe

甘王LL

枥乙女
（Tochiotome）

LEMON.LIME ········· p64
檸檬·萊姆

檸檬

萊姆

APPLE ········· p68
蘋果

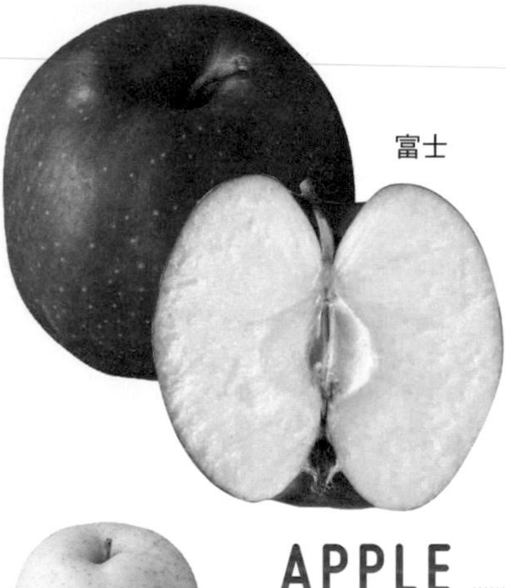

富士

王林

紅龍（Jonagold）

PEACH ········· p74
水蜜桃

白鳳

白桃

PEAR ……… p78

日本梨

幸水

PEAR ……… p82

西洋梨

PERSIMMON ……… p86

柿子

LOQUAT ……… p88

枇杷

GRAPE ……… p90

葡萄

紅葡萄
（Red Grape）

晴王麝香
（Shine Muscat）

巨峰

湯普森
（Thompson Seedless）

FIG ……… p92

無花果

POMEGRANATE ……… p94

石榴

PLUM ……… p96

李子

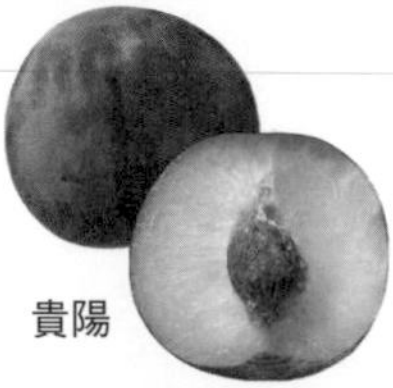

貴陽

Soldum

李子

CHERRY ……… p99

櫻桃

佐藤錦

美國櫻桃
（American Cherry）

ORANGE ……… p98

蜜柑

HORNED MELON ········ p100

刺角瓜

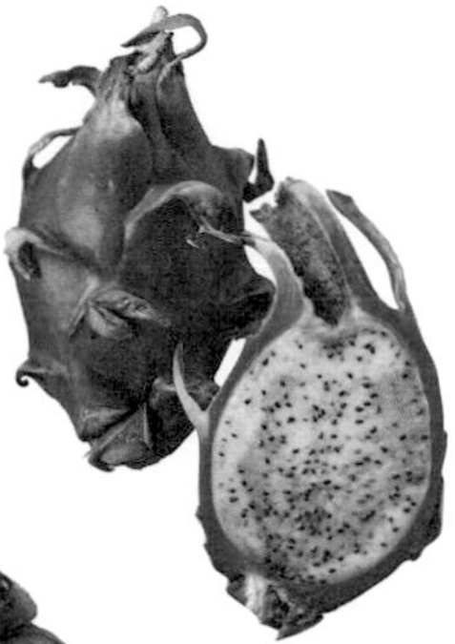

DRAGON FRUIT ········ p102

火龍果

STAR FRUIT ········ p104

楊桃

MANGOSTEEN ········ p106

山竹

PASSION FRUIT ········ p108

百香果

RAMBUTAN ········ p110

紅毛丹

LITCHI ········ p111

荔枝

番外編

BANPEIYU

白柚

後記

敝人以FRUIT ACADEMY®代表、果雕藝術家®、果道家的身分環遊世界，
邂逅了各式各樣的水果。
如今熱帶水果已成為任何人皆能簡單購買的人氣水果，
水果世界也愈加豐富拓展。
我也依然保持著一旦推出新水果，
就會開始研究水果特性＆鑽研切雕技巧的好奇心＆創作力。
《簡單上手的水果切雕．拼盤．杯飾基本功（附DVD）》是我的最新著作。

《以果雕打造時尚餐桌！》
《詳盡水果切法 水果切雕入門（附教學DVD）》
《果雕技法完全保存版》
《最新版水果拼盤和切雕技法》
本書是總集以上我過去所有著作於大成，
從構思、企劃、定案等，精雕細琢將近三年的時間才隆重推出。
也是我首次擔任DVD解說，致力打造的最淺顯易懂的教學書。

冷藏後的水果甜味會增加，且據說早上食用水果有益身體健康。
而水果切雕則是將水果的甜度均等分切，享受色香味俱全之美的刀工藝術。
除了分切水果＆雕飾出花樣造型，逐步打造水果拼盤之外，
本次也呼應萬眾要求，收錄了水果杯飾適用的切法。

願本書能讓水果切雕初學者＆業界專家皆能輕鬆理解，
並廣泛活用在各種領域上，
進一步把對健康＆美容有益的優秀水果融入生活，從中得到樂趣。
最後，透過後記的篇幅，向參與出版的編輯人士與出版社的各位深深致上謝意。
感謝各位。

2016年10月

Fruit Academy® 代表．Fruit artist® 果雕藝術家
平野泰三

自然食趣 29

FRUITS CUTTING
簡單上手的水果切雕・拼盤・杯飾基本功（附DVD）

作　　　者／平野泰三（Taizo Hirano）
譯　　　者／亞緋琉
發　行　人／詹慶和
執 行 編 輯／蔡毓玲・陳姿伶
編　　　輯／劉蕙寧・黃璟安・陳昕儀
封 面 設 計／陳麗娜
執 行 美 編／陳麗娜・韓欣恬
美 術 編 輯／周盈汝
出　版　者／養沛文化館
發　行　者／雅書堂文化事業有限公司
郵政劃撥帳號／18225950
戶　　　名／雅書堂文化事業有限公司
地　　　址／新北市板橋區板新路206號3樓
電 子 信 箱／elegant.books@msa.hinet.net
電　　　話／（02）8952-4078
傳　　　真／（02）8952-4084

2020年2月初版一刷　定價420元

國家圖書館出版品預行編目(CIP)資料

簡單上手的水果切雕.拼盤.杯飾基本功 / 平野泰三著；
亞緋琉譯. -- 初版. -- 新北市：養沛文化館出版：
雅書堂文化發行, 2020.02
面；　公分. -- (自然食趣；29)
ISBN 978-986-5665-81-4(平裝附數位影音光碟)

1. 蔬果雕切

427.32　　　109000363

STAFF

宣傳照拍攝　椎野 充（講談社攝影部）

DVD拍攝　森 京子
杉山和行（講談社攝影部）

DVD解説　平野泰三（Taizo Hirano）

書本設計　吉村 亮、大橋千恵
眞柄花穂（Yoshi-des.）

水果切雕 & 果雕協助　平野明日香（FRUIT ACADEMY®校長）

校對　戎谷真知子

經銷/易可數位行銷股份有限公司
地址/新北市新店區寶橋路235巷6弄3號5樓
電話/(02)8911-0825
傳真/(02)8911-0801

MELON
MANGO
AVOCADO
PINEAPPLE
BANANA
WATERMELON
GRAPEFRUIT
STRAWBERRY
LEMON.LIME
ORANGE
APPLE
KIWIFRUIT
PAPAYA

PEACH
PLUM
CHERRY
ORANGE
PEAR
HORNED
MELON
PEAR
PERSIMMON
DRAGON
FRUIT
LOQUAT
MANGOSTEEN
STAR FRUIT
GRAPE
PASSION
FRUIT
RAMBUTAN
BANPEIYU
FIG
POMEGRANATE

MELON
MANGO
AVOCADO
PINEAPPLE
BANANA
WATERMELON
GRAPEFRUIT
STRAWBERRY
LEMON.LIME
ORANGE
KIWIFRUIT
APPLE
PAPAYA

PEACH
PLUM
CHERRY
ORANGE
PEAR
HORNED MELON
PEAR
PERSIMMON
DRAGON FRUIT
LOQUAT
MANGOSTEEN
STAR FRUIT
GRAPE
PASSION FRUIT
RAMBUTAN
BANPEIYU
FIG
POMEGRANATE